Matériaux pour un Catalogue des coquilles fossiles du bassin de l'Adour

L'ATLAS CONCHYLIOLOGIQUE

DE GRATELOUP

RÉVISÉ ET COMPLÉTÉ

PAR

M. Henry Du BOUCHER

DAX

IMPRIMERIE J. JUSTÈRE

24, Boulevard de la Marine, 24

1885

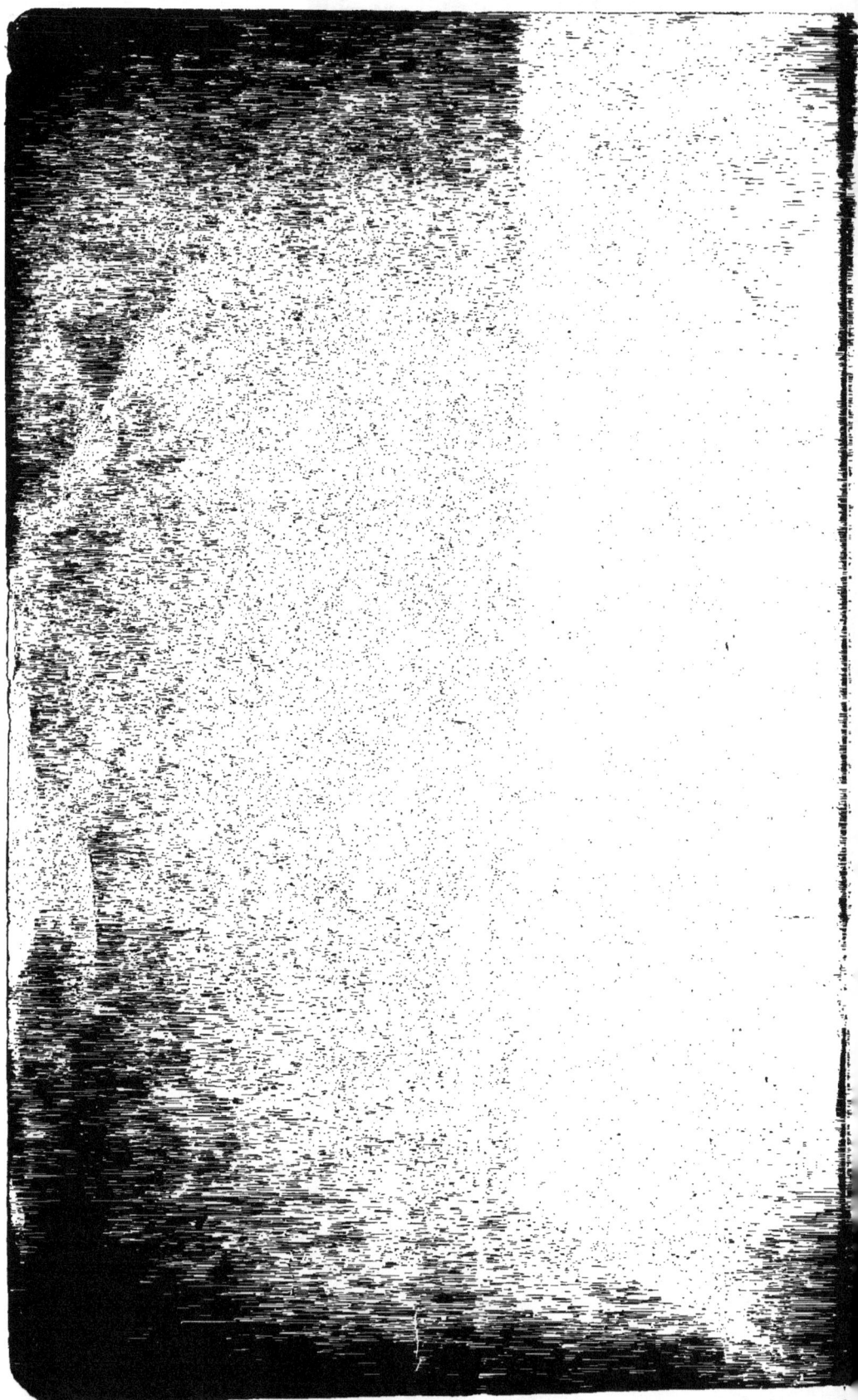

L'ATLAS CONCHYLIOLOGIQUE

DE GRATELOUP

RÉVISÉ ET COMPLÉTÉ

PAR

M. Henry Du BOUCHER

DAX

IMPRIMERIE J. JUSTÈRE

24, Boulevard de la Marine, 24

1885

L'ATLAS CONCHYLIOLOGIQUE

DE GRATELOUP

RÉVISÉ ET COMPLÉTÉ

L'ouvrage publié en 1840-1846 par le docteur Grateloup, sous le nom d'*Atlas Conchyliologique du bassin de l'Adour* est un véritable monument élevé à la conchyliologie des terrains tertiaires de Dax et de ses environs. Cet ouvrage est malheureusement resté incomplet et le premier volume traitant les testacés univalves, a seul a été publié.

La science a marché depuis l'époque où écrivait notre savant compatriote et sa nomenclature est devenue tout à fait insuffisante. En effet, des genres nouveaux ont été créés ; d'autres ont changé de noms, quelques familles même ont subi le même sort. Enfin, dans des genres trop étendus, on a introduit pour en faciliter l'étude de nombreuses subdivisions et quelques-uns de ces nouveaux groupes sont aujourd'hui élevés au rang légitime de sous-genres.

Nous ne parlons pas des coquilles que Grateloup n'a pas connues, ni des cas où, mal renseigné, il a appliqué certaines dénominations spécifiques inexactes, soit parce qu'il se trompait dans sa détermination, soit parce que d'autres noms avaient été employés pour les mêmes coquilles par d'autres auteurs, antérieurement à lui. Le congrès géologique de Bologne (1881) a adopté, et avec juste raison, ce principe que la loi de priorité devait tout dominer dans la nomenclature.

Frappé de cet état de choses, j'ai essayé de mettre au courant de la science moderne la nomenclature du savant conchyliologiste Landais. A la vérité, c'était là un travail ingrat, qui réclamait plus de recherches bibliographiques que de connaissances spéciales; j'ai cru devoir le

tenter pour être utile aux nombreux collectionneurs de la région qui
n'ont pour se guider dans leurs déterminations que l'ouvrage, excellen
à tout autre point de vue, mais un peu en retard, que nous venons de
citer.

J'ai dû consulter les travaux de Woodward, du docteur P. Fischer, de
Von Kœnen, de Tournouër, de tous ceux enfin qui se sont occupés de
nos faluns miocènes. Je ne saurais passer sous silence le *Catalogue*
synonimique et raisonné de mon savant collègue et ami, E.-A. Benoist
de la Société Linnéenne de Bordeaux, qui a résumé d'une façon
magistrale pour le S.-O. de la France les travaux de ses devanciers.
C'est dans cet ouvrage et dans ses indications que je dois à son amitié
que j'ai puisé les meilleurs éléments de ce travail.

J'ajouterai, pour terminer, qu'en indiquant certaines coquilles, pourtant
assez communes, que Grateloup ne paraît pas avoir connues puisqu'il
n'en fait pas mention, et en plaçant en tête de chaque genre un court
résumé destiné à faire connaître ses principaux caractères typiques,
ceux qui permettent le mieux de les distinguer des autres genres de la
même famille, j'ai cru fournir des indications qui peuvent ne pas être
sans utilité.

II

MOLLUSQUES CÉPHALÉS

Ordre : GASTÉROPODES

Sous-ordre : PTÉROPODES

Famille des HYALEÆ (aujourd'hui CAVOLINIIDÆ)

Cette famille ne compte que trois genres fossiles dans notre région ;
ce sont :

1° Le genre *Hyalea*, Lamk. *(Cavolinia*, Gioeni, non Brug.)*, dont
Grateloup ne décrit qu'une espèce, l'*H. Aquensis*, Grat. ;

2° Le genre *Creseis*, Rang. dont une espèce, la *Cr. Moulinsii*, Ben.
a été trouvée pour la première fois par M. Benoist dans les faluns de
Saucats (Gironde). Mon excellent collègue et ami, M. A. Duverger,
conservateur du Musée de Dax, a eu la bonne fortune de trouver deux
exemplaires complets de cette coquille rarissime, en tamisant des faluns
de Cabannes (St-Paul-lès-Dax) ;

3° Le genre *Vaginella*, Daudin, que Grateloup ne semble pas avoir distingué des *Cléodores* qui, pourtant, en diffèrent par des caractères très tranchés. Aussi le *Cleodora strangulata*, Grat. de l'atlas conchyliologique doit porter comme véritable nom celui de *Vaginella depressa*, Daudin in Basterot, 1825. Voir aussi l'ouvrage de Hörnes, 1835.

Famille des CHITONIDÆ

Grateloup ne figure aucun genre de cette famille. Aussi le *Tonicia Gaasensis*, Benoist, le *Tonicia Wattebledi*, Rochebrune et le *Lepidopleurus Daubrei*, Rochebrune, que l'on rencontre quelquefois à Lesbarritz (Gàas), ne paraissent pas avoir été connus de lui.

Sous-ordre : CYCLOBRANCHIATÆ

Famille des PATELLIDÆ

(*Nota.* — Les noms de l'Atlas de Grateloup seront toujours dans la colonne de gauche et les noms rectifiés en regard).

Genre : PATELLA, Linné.

PATELLA COSTARIA (pl. I, fig. 6-7.) — PATELLA SUBCOSTARIA, d'Orb. 1852

Sous-ordre : SCUTIBRANCHIATÆ

Famille des FISSURELLIDÆ

Genre : FISSURELLA, Brug.

Coquille ovale, conique, à sommet perforé, surface rayonnée ou cancellée.

FISSURELLA COSTARIA (pl. I, fig. 20-21)	FISSURELLA ITALICA, Desh. 1820
— DEPRESSA (pl. I, fig. 22.)	— AQUENSIS, d'Orb. 1852

auxquelles il faut ajouter, car elles ne se trouvent pas dans l'Atlas .

FISSURELLA LEPROSA, Hörnes. — St-Paul (RRR.)

— NEGLECTA, Desh. — St-Paul (RR.)

Genre : EMARGINULA, Lamk.

Coquille conique, à sommet recourbé, surface cancellée, bord antérieur échancré ou fissuré.

EMARGINULA CLATHRATA (pl. I, fig. 11-14.) | EMARGINULA CLATHRATÆFORMIS. Eichw. 1830.

L'*E. clathratæformis* paraît cependant appartenir à l'oligocène de Gàas. Alors, ce serait peut-être à l'*E. squammata* qu'il faudrait identifier l'*E. clathrata* dont les figures sont bien ressemblantes dans l'Atlas conchyliologique.

Genre : PARMOPHORUS, Blainville.

Coquille oblongue, allongée, déprimée, sommet postérieur, bord antérieur arqué. Impressions musculaires en forme de fer à cheval.

Il faudrait ajouter à l'atlas le *Parmophorus Burdigalinus*, des Moulins, que l'on rencontre à St-Paul, mais rare.

Sous-ordre : PLOCAMOBRANCHIATÆ

Famille des CALYPTRÆIDÆ

Comprend à l'état fossile dans notre région les genres *Hipponyx*, *Pileopsis*, *Crepidula* et *Calyptræa*.

Genre : HIPPONYX, Desh.

Coquille épaisse, oblique, coniforme ; base calcaire portant une impression musculaire correspondant à celle de la coquille :

PILEOPSIS GRANULOSA (pl. I, fig. 29-30.) | HIPPONYX GRANULATUS, Bast. 1825.
— ELEGANS (pl. I, fig. 32-33) | — GRATELOUPI, Benoist.

Genre : PILEOPSIS, Lamk.

Coquille conique, sommet postérieur recourbé en spirale, ouverture arrondie.

PILEOPSIS AQUENSIS (pl. I, fig. 36-39.) | PILEOPSIS SUBELEGANS, d'Orb. 1852.
— BISTRIATA (pl. I, fig. 44-47.) | — BISTRIATUS, Grat.
— ANCYLIFORMIS (pl. I, fig. 40-41.) | — ANCYLIFORMIS.

Genre : CALYPTRÆA, Lamk.

Coquille conique, à sommet presque central ou rarement postérieur ; bord irrégulier avec cloison intérieure subspirale.

CALYPTRÆA TROCHIFORMIS (pl. I, fig. 48-59.)

— MURICATA (pl. I, fig. 75-79.)

CALYPTRÆA ORNATA, Bast. 1825.

— SINENSIS, Desh. 1824.

Sous-ordre : TUBULIBRANCHIATÆ, Cuvier.

Ne comprend qu'une famille, celle des TUBISPIRATÆ, Desh.

Genre : VERMETUS, Adanson.

Coquille tubuleuse, irrégulière, portant intérieurement une carène longitudinale quelquefois double.

VERMETUS INTORTUS, Lmk., in Hornes. — St-Paul (CC.)

Genre : SERPULORBIS. — Linné.

Coquille tubuleuse, à cavité simple, limitée par des cloisons.

SERPULORBIS ARENARIUS, L. — St-Paul (CC.)

— CARINATUS, Hornes. — St-Paul (C.)

— GIGAS. Bivon, — St-Paul (R.)

Genre : SILIQUARIA, Brug.

Coquille tubuleuse, cavité simple, perforée ou fissurée longitudinalement.

SILIQUARIA ANGUINA, Linn. — St-Paul (RR.)

Genre : CÆCUM, Flem.

Coquille microscopique, tubuleuse, cylindrique, arquée, ornée de bourrelets transverses ; ouverture entière ; sommet mamelonné.

CÆCUM FIBRATUM, de Folin. — St-Paul (R.)

Genre : MEIROCERAS, Carpenter.

Coquille microscopique, cylindrique, lisse, arquée ; ouverture ronde ; sommet mamelonné.

Meioceras cabannensis, de Folin. — St-Paul (R.)

Aucune de ces espèces de la famille des *Tubispiratæ* n'a été décrite ou figurée par Grateloup.

Sous-ordre : PECTINIBRANCHIATÆ

Ce sous-ordre, qui comprend un très-grand nombre de mollusques, peut être divisé en trois grands groupes : 1° Coquilles à ouverture entière ; 2° Coquilles à ouverture canaliculée ; 3° Coquilles à ouverture échancrée.

A. *Coquilles à ouverture entière.*

Famille des TURRITELLIDÆ, Clark.

Les trois genres de cette famille, *Proto, Turritella, Scalaria* se rencontrent dans le bassin de l'Adour.

Genre : PROTO, Defr.

A été formé aux dépens du genre *Turritella ;* il s'en distingue par une large échancrure à la base de l'ouverture.

Turritella Cathedralis (pl. XV, fig. 1, 2, 3.)	Proto Cathedralis, Blainv. 1825.
— quadriplicata (pl. XVI, fig. 15.)	— quadriplicatus, Bast. 1825.
— cathedralis, var. C. (pl. XVI, fig. 4.)	— obeliscus, Grat.
— bistriata (pl. XVI, fig. 6)	— bistriatus, Grat.

A ces espèces il faut ajouter le *Proto Basteroti*, Benoist, espèce nouvelle de St-Paul. — (RR.)

Genre : TURRITELLA, Lamk.

Turritella imbricataria (pl. XVI, fig. 17.)	Turritella Sandbergeri, May. 1866.
— vermicularis (pl. XV, fig. 4, 8.)	— turris, Bast. 1825.

TURRITELLA ACUTANGULA (pl. XV, fig. 19.)

— TRIPLICATA (pl. XV, fig. 10.)

— ARCHIMEDIS (pl. XV, fig. 17-18.)

TURRITELLA SUBANGULATA, Brocchi, 1831.

— VERMICULARIS, Brocchi, 1814.

— BICARINATA, Eichw. 1830.

Genre : SCALARIA, Lamk.

Coquille turriculée ; tours nombreux, arrondis, ornés de côtes ; ouverture entière ; péristome continu.

SCALARIA CANCELLATA (pl. XII, fig. 11.)

— CRISPA (pl. XII, fig. 4.)

— SUBSPINOSA (pl. XII, fig. 10.)

— MULTILAMELLA (pl. XII, fig. 9.)

SCALARIA AMÆNA, Phil., 1843.

— CLATHRATULA, Wolk. 1787.

— PUMICEA, Brocchi. 1814.

— CRASSICOSTA, Desh. 1839.

Famille des LITTORINIDÆ, Gray.

Opercule corné ; tours peu nombreux.

Cette famille comprend presque toutes les *Phasianelles* de Grateloup et des anciens auteurs. Les genres *Littorina, Modulus, Planaxis, Lacuna, Risella* ont des représentants dans le bassin de l'Adour.

Genre : LITTORINA, Férussac.

Coquille turbinée, assez épaisse ; spire aiguë ; ouverture subcirculaire ; bord externe tranchant ; columelle imperforée.

PHASIANELLA ANGULIFERA (pl. XIV, fig. 26.)

— PREVOSTINA (pl. XIV, fig. 29-30.)

— VARICOSA (pl. XIV, fig. 37-38.)

LITTORINA GRATELOUPI, Desh. in d'Orb.

— PREVOSTINA, Bast. 1825.

— SUBVARICOSA, d'Orb.

— (S.-G. PALUDEXTRINA d'Orb)

Genre : FOSSARUS, Phil.

Coquille turbinée, à bords tranchants, souvent perforée, ornée de côtes longitudinales et tranverses.

TURBO MINUTUS (pl. XIV, fig. 24-25.) | FOSSARUS BURDIGALUS, d'Orb.

C'est ce *Fossarus* que M. Benoist désignait comme étant le *F. costatus* dans son catalogue synonimique et raisonné des faluns de Saucats.

Genre : MODULUS, Gray.

Coquille trochiforme, non nacrée ; columelle perforée ; bord interne souvent denté.

Le *Trochus modulus,* Bast., que M. Benoist appelle *Modulus Basteroti,* Ben., se rencontre à St-Paul. Grateloup ne l'a pas signalé.

Genre : LACUNA, Turton.

Coquille turbinée, mince ; columelle plate ; fente ombilicale.

CYCLOSTOMA CANCELLATA (pl. III. fig. | LACUNA CANCELLATA, Grat. 30.) |

On trouve à Gàas une autre Lacuna, la *L. eburnæformis,* Sandb. que Grateloup n'a pas connue.

Genre : RISELLA, Gray.

Coquille trochiforme, à base concave ou plate ; tours carénés ; non nacrée.

Nous ne possédons que la *Risella Girondica,* Benoist. Le Boudigau (RRR). Grateloup ne la connaissait pas non plus.

Famille des RISSOÏDÆ

Six genres de cette famille se rencontrent dans le bassin de l'Adour : *Rissoïna, Rissoa, Diastoma, Adeorbis, Truncatella, Keilostoma.*

Genre : RISSOÏNA, d'Orb.

Coquille conique, spire aiguë, tours nombreux ; ouverture ovale, semi-lunaire, canaliculée en avant ; plan de l'ouverture généralement oblique à l'axe de la coquille, bord externe garni d'un bourrelet plus ou moins épais.

Rissoa cochlearella (pl. IV, fig. 24-25.)	Rissoïna obsolata, Partsch in Hörnes	
— — (pl. IV, fig. 17-18.)	— decussata, Mont.	
— — (pl. IV, fig. 21-22-23.)	— burdigalensis, d'Orb.	
— — (pl. IV, fig. 19-20.)	— basteroti, Benoist.	
— elegans (pl. IV, fig. 42-43.)	— elegans, Grat.	
— grateloupi (pl. IV, fig. 28.)	— grateloupi, Bast.	
— buccinalis (pl. IV, fig. 36-37.)	— planaxoïdes, des Moul.	
— nitida (pl. IV, fig. 66.)	— polita, des Moul.	

Il faut ajouter une espèce nouvelle de Gàas, très voisine de l'*Obsoleta* ; elle n'est pas encore décrite.

Quant à la *Rissoïna Dufrénoyi* des Moul., c'est une *Truncatella*.

Genre : RISSOA, Fréminville.

Se distingue des *Rissoïna* par l'ouverture qui est toujours entière, ovalaire et dont le plan est généralement parallèle à l'axe de la coquille.

Phasianella varicosa (pl. XIV, fig. 39-40.)	Rissoa costellata, Grat. 1838.
Rissoa bulimoïdes (pl. IV, fig. 34-35.)	— lachesis, Bast. 1825.
— nitida (pl. IV, fig. 64.)	— lævis, Bast.
— costellata (pl. IV, fig. 31.(1)	— clotho, Hörnes.
Paludina nana (pl. III, fig. 45-46.)	— nana, Grat.
Rissoa decussata (pl. IV, fig. 49.)	— Moulinsii, d'Orb.

Le *R. Montagui*, Payr. et le *R. Partschii*, Hörnes, ne doivent pas se trouver dans le bassin de l'Adour, car ce ne sont pas ceux que figure Grateloup. Quant au *R. Zetlandica*, Hörnes, M. Benoist croit qu'il doit se rencontrer à Dax, mais il n'a pu, me dit-il, y rapporter aucune figure de l'atlas.

(1) La figure est mauvaise. — H. du B.

Genre : DIASTOMA, Desh.

D'après Lamarck, se distinguerait des deux premiers genres en ce que l'ouverture ovale, semi-lunaire, serait déjetée vers la base du dernier tour.

MELANIA COSTELLATA (pl. IV, fig. 1.) | DIASTOMA GRATELOUPI, d'Orb. 1852.

Genre : TRUNCATELLA, Risso.

Coquille petite, cylindrique, toujours tronquée ; tours striés ou costulés ; ouverture ovale, entière ; péristome continu.

RISSOA DECUSSATA (pl. IV, fig. 50 | TRUNCATELLA DUFRÉNOYI, Desh.
excl.) |

Genre : ADEORBIS, Wood.

Coquilles planorbiques ou discoïdes, largement ombiliquées par rapport au diamètre ; plan de l'ouverture fortement incliné d'avant en arrière.

SOLARIUM QUADRIFASCIATUM (pl. XII, | ADEORBIS QUADRIFASCIATUS, Grat.
fig. 40-42.) |

DELPHINULA TRIGONOSTOMA (pl. XII, | — PLANORBILLUS, Duj. 1837.
fig. 24-26.) |

M. Benoist a, en outre, trouvé deux *Adeorbis* nouveaux dans les faluns de St-Paul : l'*A. Brochoni* et l'*A. Duvergeri*.

Famille des SOLARIADÆ, Desh.

Ne comprend que le seul genre *Solarium*, fossile dans le bassin de l'Adour. Il se distingue des *Adeorbis* par les granulations ou crénelures qui garnissent l'ombilic.

SOLARIUM PSEUDO-PERSPECTIVUM (pl. | S. CAROCOLLATUM, Lamk.
XII, fig. 27-28-29.) |

SOLARIUM PSEUDO-PERSPECTIVUM (pl. | S. GRATELOUPI, d'Orb.
XII, fig. 30-32.) |

Famille des MELANIANÆ, Lamk.

Même en faisant des *Chemnitzia* de d'Orbigny un sous-genre des

Mélanies, on ne rencontre dans nos faluns miocènes qu'un très petit nombre d'espèces.

Rissoa perpusilla (pl. IV, fig. 40-41.) | Chemnitzia perpusilla, Grat.

On peut ajouter la *Melania Escheri,* Br. que l'on trouve à Mandillot (R.)

Le genre *Melanopsis* qui appartient à la famille des *Melanianæ* est très intéressant, parce qu'il se compose d'espèces vivant exclusivement dans l'eau douce ou saumâtre et que leur présence, au milieu de dépôts marins, prouve l'existence ou le voisinage d'anciens estuaires de fleuves ou de rivières. Nous n'avons guère dans le bassin de l'Adour que le *Melanopsis olivula,* Grat., que l'on trouve à Mandillot ; et le *Melanopsis aquensis,* Grat., que l'on rencontre à Mandillot et à St-Avit.

Famille des PERISTOMIÆ, Lamk.

Ne comprend chez nous que deux genres : *Enchilus* et *Bithinia.*

Genre : ENCHILUS

Inconnu à Grateloup : est représenté par l'*Enchilus subpyrenaïcus,* Noulet, que l'on trouve à Mandillot.

Genre : BITHINIA, Gray.

Est représenté par la *Bithinia Aturensis,* Noulet, que l'on trouve à St-Avit.

Famille des PYRAMIDELLIDÆ, Desh.

Cette famille ne comprenait autrefois que les genres *Pyramidella* et *Tornatella* créés par Lamarck. On en a distrait les *Tornatelles* qui forment aujourd'hui une famille à part ; mais, aux *Pyramydelles,* on a joint plusieurs genres nouveaux, tels que : *Eulima* (Risso), *Niso* (Risso), *Turbonilla* (Risso), *Odostomia* (Fleming).

Ainsi constituée, la famille des *Pyramidellidæ* comprend une partie des coquilles qu'au temps de Grateloup on désignait sous les noms de *Melania, Acteon, Bonellia.*

Genre : EULIMA, Risso.

Coquilles petites, brillantes, à sommet très aigu ; spire recourbée dans quelques espèces.

MELANIA NITIDA (pl. IV, fig. 5.)	EULIMA BURDIGALINA, Benoist.
— DISTORTA (pl. IV, fig. 14.)	— SIMILIS, d'Orb. 1852.
— LACTEA (pl. IV, fig. 10-13.)	— LACTEA, d'Orb. 1852.
— SPINA (pl. IV, fig. 6-7.)	— SPINA, d'Orb.

Auxquelles on peut ajouter la *M. Nitida*, Bast. in Grat., qui est l'*Eulima subula*, Br., que l'on trouve à Saubrigues et l'*Eulima digitalis*, Benoist, espèce nouvelle de St-Paul.

Genre : NISO, Risso.

Coquille brillante, polie, formée de nombreux tours plats, sommet aigu ; ouverture ronde, aigüe en bas ; axe perforé.

BONELLIA TEREBELLATA (pl. IV, fig. 15-16.)	NISO BURDIGALENSIS, d'Orb.

Genre : TURBONILLA, Risso.

Coquille grêle, allongée ; tours nombreux, lisses ou ornés de côtes ; souvent sénestre ; ouverture ovale ; columelle plissée inférieurement.

1° *Espèces lisses :*

ACTEON SUBUMBILICATA (pl. XI, fig. 51-52.)	TURBONILLA SUBUMBILICATA, Grat.
— SPINA (pl. XI, fig. 65-66.)	— GRATELOUPI, d'Orb.
— DUBIA (pl. XI, fig. 48-50.)	— DUBIA, Grat.

Auxquels il faut joindre le *Turb. Aquitanica*, Benoist.

2° *Espèces costulées :*

ACTEON COSTELLATA (pl. XI, fig. 69-70)	TURBONILLA COSTELLATA. Grat.
— INTERMEDIA (pl. XI, fig. 71-72.)	— INTERMEDIA, Grat.
— TEREBRALIS (pl. XI, fig. 67-68.)	— GRACILIS, Brocchi. 1814.
— PSEUDO-AURICULA (pl. XI, fig. 75-76.)	— PSEUDO-AURICULA, Grat.
— PYGMÆA (pl. XI, fig. 77-78.)	— PYGMÆA, Grat.

Auxquels ont peut joindre le *T. Girondica*, Ben., le *T. truricula*, le

T. Humboldti, Risso (Saubrigues) et le *T. pusilla*, Phil., aucune des figures de l'Atlas conchyliologique ne se rapportant à ces quatre espèces.

Genre : ODOSTOMIA, Fleur.

Coquille allongée, lisse ; ouverture ovale ; péristome interrompu ; columelle plissée.

ACTEON INCERTA (pl. XI, fig. 61-64.)	ODOSTOMIA PLICATA, Wood. 1842.
— NITIDULA (pl. XI, fig. 59-60.)	— NITIDULA, Grat.

Auxquels on peut ajouter l'*Odostomia Burdigalensis*, Ben, que l'on trouve à St-Paul.

Genre : PYRAMIDELLA, Lamk.

Remarquable par les plis inégaux de la columelle.

PYRAMIDELLA TEREBELLATA (pl. XI, fig. 79-80.)	PYRAMIDELLA GRATELOUPI, d'Orb. 1852

Famille des TORNATELLIDÆ

Le genre *Tornatella* ayant été distrait de la famille des *Pyramidellidæ*, comme nous l'avons dit plus haut, a vu se grouper autour de lui plusieurs genres proposés par différents auteurs. Nous n'en rencontrons que deux, *Tornatella* et *Ringicula*, dans le bassin de l'Adour.

Genre : TORNATELLA, Lamk.

Coquille ovale ; spire conique, ornée de stries ponctuées ; ouverture longue ; bord externe tranchant ; columelle plissée fortement.

TORNATELLA SULCATA (pl. XI, fig. 16-17.)	TORNATELLA PINGUIS, d'Orb.
— FASCIATA (pl. XI, fig. 14.)	— BURDIGALENSIS, d'Orb.

Les autres *Tornatelles* du bassin Adourien sont :

TORNATELLA PUNCTULATA, Fér. — Grat., pl. XI, fig. 11-12.
    — SUBGLOBOSA, Grat., pl. XI, fig. 13.
    — INFLATA, Fér. — Grat., pl. XI, fig. 15.
    — STRIATELLA, Grat., pl. XI, fig. 27-28.
    — PAPYRACEA, Bast. — Grat., pl. XI, fig. 32 à 35.
    — CLAVULA, d'Orb.
    — DARGELASI, Bast. — Grat., pl. XI, fig. 37-38.

Genre : RINGICULA, Desh.

Coquille petite, ventrue ; ouverture échancrée ; columelle calleuse, fortement plissée, bord externe épais et réfléchi.

RINGICULA RINGENS (pl. XI, fig. 6-7.) | RINGICULA GRATELOUPI, d'Orb.

RINGICULA RINGENS (pl. XI, fig. 8-9.)
⎰
⎱

RINGICULA BAYLEI, Mor.
—   TOURNOUÈRI, Mor.
—   PLICATULA, Mor.
—   PAULUCCIA, Mor.
—   CROSSEI, Mor.
—   DOUVILLEI, Mor. (Mimbaste)

Famille des BULLACEÆ, Lamk.

Comprend seulement deux genres fossiles dans la région : *Bullina* et *Bulla.*

Genre : BULLINA, Férussac.

Coquille à spire apparente, à columelle tordue par un pli. La seule *Bulline* du bassin de l'Adour est la *Bullina Lajonkaireana*, Bast. 1825.

Genre : BULLA, Linné.

Coquille presque toujours involvée, sommet perforé ; bord externe tranchant ; enroulement très étroit au sommet, très-ouvert à la base. Se divise en quatre groupes :

1ᵉʳ *groupe :* Spire involvée, conique, acuminée. — VOLVULA.
2ᵉ *groupe :* Spire conoïde ou cylindrique.   — CYLICHNA.
3ᵉ *groupe :* Spire globuleuse.   — HAMINEA.
4ᵉ *groupe :* Spire conoïde, dilatée en avant.   — SCAPHANDER.

On est à peu près d'accord aujourd'hui pour considérer ces groupes comme autant de genres différents.

A. VOLVULA, Adams.

BULLA ACUMINATA (pl. II, fig. 43-44.) | VOLVULA ACUMINATA, Brug. 1792.

B. CYLICHNA, Lovén.

BULLA CONULUS (pl. II, fig. 4-5.) | CYLICHNA SUBCONULUS, d'Orb. 1852.
—   ANGISTOMA (pl. II, fig. 6-7.) | —   SUBANGISTOMA, d'Orb.

BULLA CYLINDRICA (pl. II, fig. 39-40.)	CYLICHNA BROCCHII, Michelotti, 1838.
— TARBELLIANA (pl. II, fig. 29-30)	— TARBELLIANA, Grat.
— CONVOLUTA (pl. II, fig. 37-38.)	— PSEUDO-CONVOLUTA, d'Orb.
— SEMISTRIATA (pl. II, fig. 31-32.)	— BURDIGALENSIS, d'Orb.

Quant à la *B. semistriata*, indiquée par Grateloup à la pl. II, fig. 33-34, ce n'est pas la même que la précédente ; elle constitue une espèce nouvelle que l'on rencontre surtout à Gàas.

c. HAMINEA (hydatis), Leach.

BULLA UTRICULA (pl. II, fig. 14-15-16.)	HAMINEA SUBUTRICULA, d'Orb.
— CANCELLATA (pl. II, fig. 21-22.)	— CANCELLATA, Grat.
— LABRELLA (pl. II, fig. 10-11.)	— LABRELLA, Grat.
— CRASSATINA (pl. II, fig. 26.)	— CRASSATINA, Grat.
— FALLAX (pl. II, fig. 19-20.)	— FALLAX, Grat.

d. SCAPHANDER, Montfort.

BULLA LIGNARIA (pl. II, fig. 1.)	SCAPHANDER AQUITANICUS, Benoist.
— FORTISII (pl. II, fig. 3.)	— GRATELOUPI, d'Orb.
— LIGNARIA (pl. II, fig. 2, Linn. non Grat.)	— LIGNARIUS, Linn.

Famille des TURBINACEÆ

Coquille spirale, turbinée ou pyramidale ; intérieur toujours nacré et revêtu d'une couche corticale colorée et élégamment ornée. La nature de l'opercule permet d'établir trois grandes coupes dans les genres nombreux de cette famille :

1° Opercules calcaires : *Turbo, Phasianella* ;
2° Opercules cornés : *Rotella, Teinostoma, Delphinula, Trochus, Monodonta* ;
3° Sans opercules : *Haliotis, Broderipia,* etc.

Genre : TURBO, Linné.

Coquille épaisse, solide, à tours convexes ; ouverture grande, arrondie ; opercule calcaire, solide.

DELPHINULA SULCATA (pl. XII, fig. 16.)	TURBO SULCATUS, d'Orb.
— GRANULOSA (pl. XII, fig. 17-18.)	— SUBGRANULOSUS, d'Orb.
TROCHUS LABIOSUS, Grat., (pl. XIII, fig. 6.)	— LABIOSUS, Grat.
TURBO LÆVIGATUS (pl. XIV, fig. 21.)	— SUBLÆVIGATUS, d'Orb.

Les autres *Turbos* de la région Dacquoise sont :

TURBO CARINATUS, Sism. — Grat. (pl. XIII, fig. 5.)
— MURICATUS, Duj.
— AFFINIS, Cocc.
— DUBALENI, Tourn.
— PARKINSONI, Bast. — Grat. (pl. XIV, fig. 14 à 17.)
— MULTICARINATUS, Grat. (pl. XIV, fig. 9.)
— VARIABILIS, Grat. (pl. XIV, fig. 6 à 10.)

Genre : ASTRALIUM, Link.

Coquille trochiforme ; base plate ou concave ; tours carénés, ornés généralement de points rayonnants.

C'est à une espèce de ce genre, voisine du *Trochus solaris* (pl. XIII, fig. 26-27) que M. Benoist a donné le nom d'*Astralium aquitanicum*. On la trouve à Quillacq, à St-Paul (R.R.) et assez fréquemment à Lourquen.

Genre : PHASIANELLA, Lamk.

Coquille allongée, solide, luisante ; tours convexes ; ouverture ovale, opercule calcaire.

PHASIANELLA TURBINOÏDES (pl. XIV, fig. 28.)	PHASIANELLA AQUENSIS, d'Orb.

On peut ajouter, comme ne figurant pas dans l'Atlas, la *Ph. Vieuxii*, Payraud, qui se trouve à Orthez.

Genre : TROCHOTOMA, Lycest.

Coquille trochiforme ; tours plats, striés en spirale ; labre perforé près du bord.

Nous n'avons de ce genre que le *Trochotoma Terquiemi*, Desh. Journal de Conchyliol. Grateloup ne l'a pas figuré.

Genre : TEINOSTOMA, H. et A. Adams.

Coquille petite, presque plate, à tours ronds, souvent lisses et brillants ; ouverture ronde ; callosité ombilicale très forte.

Rotella Defrancei (pl. XII, fig. 45-46-47.)	Teinostoma Defrancei, Bast.
— nana (pl. XII, fig. 13-14.	— nana, Grat.

Auxquels il faut ajouter le *Teinostoma plicata*, Ben., et le *Teinostoma simplex*, Ben., qui tous les deux habitaient St-Paul.

Genre : DELPHINULA, Lamk.

Coquille déprimée, tours très rugueux, épineux ou lisses ; ouverture nacrée ; opercule corné.

Delphinula marginata (pl. XII, fig. 19-20-21.)	Delphinula hellica, d'Orb.

Les trois autres espèces de *Delphinules* des environs de Dax sont *D. Perrisii*, Grat., *D. scobina*, Br., et une troisième encore indéterminée.

Genre : TROCHUS, Linné.

Coquille pyramidale, à base plate ; tours plats, rarement lisses ; ouverture oblique, nacrée intérieurement ; columelle tordue ; bords minces ; opercule corné.

On peut sectionner les *Trochus* en trois grandes divisions :

1º Coquille à columelle terminée par un tubercule calleux : Tectus.
2º Coquille à columelle simple : Ziziphinus.
3º Coquille à ouverture subcirculaire : Diloma.

a. Tectus.

Trochus monilifer (pl. XIII, fig. 9.)	Tectus monilifer, Lamk.

b. Ziziphinus, Leach.

Trochus Audebardi (pl. XIII, fig. 13.)	Ziziphinus Audebardi, Bast.
— lævigatus (pl. XIII, fig. 16.)	— lævigatus, Grat.

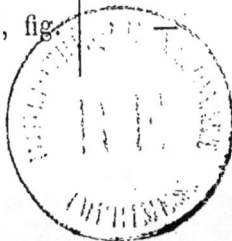

TROCHUS BUCKLANDI (pl. XIII, fig. 17.)	ZIZIPHINUS BUCKLANDI, Bast.
— CINGULATUS (pl. XIII, fig. 14.)	— CINGULATUS Brocchi.
— ELEGANS (pl. XIII, fig. 15.)	— ELEGANTISSIMUS, d'Orb.
— THORINUS (pl. XIII, fig. 22.)	— THORINUS, Grat.

C. DILOMA.

TROCHUS AMEDEI (pl. XIII, fig. 30-31.)	DILOMA PATULUS, Brocchi, 1814.
— MAGUS (pl. XIII, fig. 23.)	— MAGUS, Linn. iu Lamarck.

Genre : MONODONTA, Linné.

Coquille généralement épaisse ; columelle munie d'une forte dent à la base.

Le *Monodonta Araonis*, ainsi que le *M. elegans* et le *M. Moulinsii* figurés par Grateloup doivent conserver leurs noms ; mais il faudra plus tard y ajouter une espèce nouvelle, non encore décrite, trouvée par M. Benoist.

Genre : STOMATELLA, Lamk.

Nous ne possédons de ce genre nouveau qu'une espèce : le *Stomatella* *S^{ti} Paulensis*, Ben., qui se trouve à St-Paul-Cabannes.

Genre : HALIOTIS, Linné.

De ce genre nous ne possédons également que l'*H. Michaudi*, Ben., de St-Paul, que M. Benoist avait trouvé, mais presqu'indéterminable, dans les sables à *Cerithium* de Lariey (RRR.)

Famille des XENOPHORIDÆ, Deshayes.

Coquilles trochiformes, dont quelques espèces ont la faculté de souder à leur test des corps étrangers qui les rendent plus solides.

Genre : XENOPHORA, Fischer.

TROCHUS CONCHYLIOPHORUS (pl. XIII, fig. 1.)	XENOPHORA DESHAYESI. Michtt. in Hörnes
— CONCHYLIOPHORUS, var. *Parisiensis* (pl. XIII, fig. 3-4.)	— AQUENSIS, d'Orb.

Auxquels il faut ajouter le *X. Grateloupi*, d'Orb., qui se trouve à Saubrigues et le *X. Tournouëri*, Ben., qui se trouve à Gàas, espèces que Grateloup n'a pas figurées.

Genre : SCISSURELLA, d'Orbigny.

Nous ne possédons de ce genre que le *Sciss. lamellosa*, Ben., que l'on rencontre à Gàas.

Famille des NERITOPSIDÆ

Nous n'avons que deux espèces de cette famille dans le bassin de l'Adour : ce sont la *Neritopsis moniliformis* de Grat., qui se trouve à St-Paul et la *Neritopsis radula*, Linn., qui se trouve à Saubrigues.

Famille des NERITACEÆ

Comprend des coquilles qui se reconnaissent à leur forme demi-globuleuse et à leur plan columellaire aplati en demi-cloison.

Genre : NERITA, Adanson.

Ce genre, le seul que l'on rencontre à l'état fossile dans le bassin de l'Adour, se subdivise en deux sections : 1° les *Nérites* proprement dites, qui ne renferment que des coquilles marines ; 2° les *Néritines*, coquilles exclusivement fluviatiles ou fluvio-marines.

a

NERITINA FLUVIATILIS (pl. V, fig. 1-3.)	NERITINA BURDIGALENSIS, d'Orb.
— PICTA (pl. V, fig. 13.)	— FÉRUSSACI, Recl.
— PISIFORMIS (pl. V, fig. 21-22-23.)	— SUBPISIFORMIS, d'Orb.

b

NERITA PLICATA (pl, V, fig. 27-28.)	NERITA BASTEROTI.
— CORNEA (pl. V, fig. 34-35.)	— EBURNEA, Hæning.

Famille des NATICIDÆ, Deshayes.

Comprend, dans le bassin de l'Adour, les genres *Deshayesia*, *Natica*, *Sigaretus*.

Genre : DESHAYESIA, Raulin.

Ne compte chez nous qu'une seule espèce, la *Deshayesia neritoïdes*, Gr., que Grateloup confondait avec la *Natica* du même nom.

Genre : NATICA, (Adans.) Lamarck.

Coquille généralement épaisse, globuleuse, quelquefois pourvue d'un ombilic simple ; ouverture entière.

Natica TIGRINA (pl. X, fig. 5.) (1)	Natica BURDIGALENSIS, Mayer.
— LABELLATA (pl. X, fig. 20-21.)	— HELICINA, Brocchi.
— PONDEROSA (pl. VII, fig. 2-3-5-6.)	— DELBOSI, Hébert.
— GLAUCINOÏDES (pl. X, fig. 9-10-11-12.)	— JOSEPHINIA, Risso.
— GLOBOSA (pl. X, fig. 1.)	— COMPRESSA, Bast.
— MAXIMA (pl. VI, fig. 1-2.)	— CRASSATINA, Desh.
— ANGUSTATA (pl. VIII, fig. 1-5.)	— DELBOSI, Hébert.
— PATULA, Desh. (pl. IX, fig. 9.)	— SUBDEPRESSA, Grat. (pl. VIII, fig. 7-8.)
— GIBBEROSA (pl. IX, fig. 1-4.)	— COMPRESSA, Bast.

Genre : SIGARETUS, Adanson.

Coquille striée, auriforme ; ouverture très-large, oblique, non nacrée ; spire petite.

Natica STRIATELLA (pl. X, fig. 24.)	SIGARETUS SULCATUS (2), Recl.
SIGARETUS HALIOTIDEUS (pl. XXXXVIII, fig. 19-20.)	— AQUENSIS, Recl.

---

(1) La *Natica* figurée par Grateloup (pl. X, fig. 2-3) doit conserver son nom de *tigrina*, celui de *Sismondiana* que lui donna plus tard d'Orbigny devenant un synonyme. — H. DU B.

(2) C'est le *Sigaretus suturalis* de Mayer. — H. DU B.

Famille des CANCELLARIADÆ

Avec les *Natices*, les *Cancellaires* établissent un passage entre la série des Pectinibranches à ouverture entière et les Pectinibranches à ouverture échancrée ou canaliculée.

Genre : CANCELLARIA, Lamk.

Coquille cancellée, canaliculée en avant ; columelle fortement plissée.

CANCELLARIA HIRTA (pl. XXV, fig. 25.)

— VARICOSA (pl. XXV, fig. 8.)

BUCCINULA (pl. XXV, fig. 9.)

CANCELLARIA CALCARATA, Brocchi.

— SUBVARICOSA, d'Orb.

— BASTEROTI, Desh.

Les autres *Cancellaires* du bassin de l'Adour, sont :

CANCELLARIA TROCHLEARIS, Fauj.
- UMBILICARIS, Brocchi.
- CONTORTA, Bast.
- ACUTANGULA, Fauj.
- CANCELLATA, L.
- BARJONÆ, Cost.
- LAURENSI, Grat.
- DUFOURI, Grat.
- MITRÆFORMIS.

2ᵉ Division des PECTINIBRANCHES

B. — Coquilles à ouverture canaliculée.

Famille des CERITHIADÆ

Deux genres de cette famille se rencontrent dans le bassin de l'Adour : *Cerithium* et *Triforis*.

Genre : CERITHIUM (Adans.), Bruguière.

Coquille turriculée, variqueuse ; ouverture petite ; canal tortueux en avant ; bord externe évasé ; bord interne épaissi.

CERITHIUM ALUCOÏDES (pl. XVII, fig. 22.)	CERITHIUM VULGATUM, Brug.
— CLATHRATUM (pl. XVII, fig. 14.)	— SPINA, Partsch.
— CLAVATULATUM (pl. XVII, fig. 17.)	— SUBCLAVATULATUM, d'Orb.
— DIABOLI (pl. XVIII, fig. 10.)	— BURDIGALINUM, d'Orb.
— KONINCKI (pl. XVIII, fig. 1-5.)	— OCIRRHOE, d'Orb.
— PARVULUM (pl. XVIII, fig. 32.)	— TRILINEATUM, Phil.
— SCABER (pl. XVIII, fig. 29.)	— SCABRUM, Olivi. 1792.
— TEREBELLUM (pl. XVII, fig. 24.)	— SUBTEREBELLUM, d'Orb.
— THIARA (pl. XVIII, fig. 7-9.)	— PICTUM, Bast. 1825.
— THIARELLA (pl. XVIII, fig. 23-24.)	— PSEUDOTHIARELLA, d'Orb.

On compte une cinquantaine d'espèces de *Cerithium* dans le bassin de l'Adour.

Genre : TRIFORIS, Desh.

Coquilles toujours sénestres ; bouche pourvue de trois ouvertures, deux comme celles des *Cerithes,* la troisième placée sur le dos ou le côté du dernier tour.

CERITHIUM INVERSUM (pl. XVIII, fig. 31.)	TRIFORIS PERVERSA, Linn. in d'Ancona

Famille des MURICIDÆ

Cette famille (les *Canalifères* de Lamarck) est une des plus nombreuses de la 2ᵉ division des Pectinibranches. Deshayes n'y comptait que sept genres ; M. Bellardi la divise en deux sous-familles comprenant dix-huit genres. Nous adopterons la classification du savant professeur de Turin ; mais, comme Deshayes, nous adjoindrons à la famille les genres *Turbinella*, *Triton*, *Ranella*, *Spinigera* qui ne nous paraissent pas devoir en être séparés. Ainsi constituée, la famille des Muricidæ comprend les genres suivants qui, tous, ont des représentants dans le bassin de l'Adour : *Anura*, *Clavella*, *Chrysodomus*, *Euthria*, *Fasciolaria*, *Fusus*, *Hemifusus*, *Jania*, *Metula*, *Murex*, *Persona*, *Pisania*, *Pyrula*, *Ranella*, *Triton*, *Turbinella*, *Typhis*.

Genre : FUSUS, Lamk.

Coquille fusiforme, allongée ; spire droite, longue, pointue ; tours assez nombreux, généralement arrondis ; ouverture ovale, canaliculée postérieurement ; bord gauche entier ; queue très longue ; canal ouvert ; columelle arquée, lisse.

Fasciolaria Burdigalensis (pl. XXIII, fig. 6-8-10-11 et pl. XXIV, fig. 8-10-11 et 22.)	Fusus Burdigalensis, Bast.
Fusus Moquixanus (pl. XXIV, fig. 21.)	— Marcelli Serresi, Grat.
Pleurotoma buccinoïdes (pl. XIX, fig. 19.)	— (s.-g. Pusionella) buccinoïdes, Bast.
Pyrula spirillus (pl. XXVIII, fig. 1-5.)	— (s.-g. Pirella) rusticulus, Bast.

Le *Fusus Aturensis* de Grateloup (pl. XXIV, fig. 13) est une bonne espèce à conserver, qui ne doit être confondue ni avec le *Fusus rugosus* du même auteur (pl. XXIV, fig. 14) ni avec le *F. longirostris* de Brocchi.

Quant au *F. Valenciennesi*, de Grat., c'est aussi une bonne espèce, mais que le Conchyliologiste Landais n'a pas représentée. Voir l'exemplaire ombiliqué, à côtes très-fortes, figuré par Hornes dans son grand travail sur les mollusques tertiaires du bassin de Vienne.

Genre : EUTHRIA, Gray.

Coquille fusiforme ; queue oblique par rapport à l'axe, recourbée, peu longue ; bord columellaire garni d'un pli ; bord droit crénelé.

Buccinum andrei (pl. XXXVI, fig. 8.)	Euthria marginata, Duj.
Fasciolaria burdigalensis, Var. contorta (pl. XXIII, fig. 10.)	— contorta, Grat.
Fusus virgineus (pl. XXIV, fig. 1, 2, 3.)	— virginea, Gray.
Fusus Serresi (pl. XXIV, fig. 42.)	— Serresi, Grat.

Genre : CHRYSODOMUS, Sw.

Formé aux dépens des *Fusus* ; s'en distingue par sa suture profonde, sa queue très courte et oblique ; le bord droit de la bouche mince et souvent lisse.

Nous ne connaissons de ce genre que le C. Glomoïdes Gmel, de Gaas.

Genre : CLAVELLA, Sw.

Coquille fusiforme ; spire courte ; tours ventrus ; canal droit, assez court.

Fasciolaria burdigalensis, Var. dubia (pl. XXIV, fig. 22.)	Clavella dubia, Grat.

Genre : HEMIFUSUS

Coquille subfusiforme ; spire assez longue ; bord externe assez épais ; columelle arrondie, lisse ; canal droit, ouvert ; suture bordée par un renflement séparé du tour de spire par un sillon assez marqué, formant canal ; queue à peine sensible.

Fasciolaria polygonata (pl. XXII, fig. 18 et pl. XXIII, fig. 12.)	Hemifusus æqualis, Michtt.
Fusus diluvianus (pl. XXIV, fig. 4.)	— diluvianus, Grat.
Pyrula tarbelliana (pl. XXVII, fig. 1.)	— tarbellianus, Grat.

Genre : PISANIA, Biron.

Coquille purpuriforme ; canal court ; columelle ridée ; bord droit crénelé.

Purpura pleurotomoïdes (pl. XXXV, fig. 1, 2.)	Pisania crassa, Bell. 1873.

Genre : METULA.

Formé aux dépens des *Fusus* dont il diffère par sa spire très-allongée, à tours presque plats, son ouverture oblongue, son canal court, généralement recourbé.

Le genre *Metula* comprend donc des coquilles en forme de mître, à spire très-aiguë et allongée, les premiers tours cancellés ; la bouche est étroite, allongée ; le bord gauche bordé extérieurement ; la queue courte, recourbée.

Fusus mitræformis (pl. XXIV, fig. 36-37-38.)	Metula mitræformis. Brocchi in Bell. 1873.

Genre : ANURA.

Séparé du genre *Buccinum,* dont il diffère par ses tours très-arrondis, à suture profonde, son ouverture très arrondie, son canal tronqué à l'extrémité de la columelle.

Coquille ovale, ventrue, tours convexes ; bord gauche arqué, subvariqueux extérieurement ; queue courte, oblique ; columelle lisse.

Buccinum phasianelloïdes (pl. XXXVI, fig. 13.)	Anura papyracea, Grat.
Buccinum papyraceum (pl. XXXVI, fig. 28.)	id. id. id.

Genre : PYRULA, Lamk.

Né comprend plus aujourd'hui que le groupe des *Melongena.*

Pyrula melongena (pl. XXVI, fig. 1, 7.)	Pyrula cornuta, Agassiz, 1843.

Genre : FASCIOLARIA, Lamk.

Ce sont des *Fusus* qui portent sur la columelle, à l'extrémité antérieure, trois plis inégaux, obliques, dont le plus fort se trouve au commencement du canal.

Turbinella polygona (pl. XXIV, fig. 9.)	Fasciolaria tarbelliana, Grat.

Genre : TURBINELLA, Lamk.

Coquille fusiforme, épaisse, solide ; columelle sillonnée de plis transversaux.

TURBINELLA CRATICULATA (pl. XXII, fig. 9.)	TURBINELLA DÉGRANGEI, Ben.
— LYNCHI (pl. XLVII, fig. 9.)	— JOUANNETI, Mayer.
— MULTISTRIATA (pl. XXII, fig. 16.)	— PLEUROTOMA, Grat. 1828.
— PUGILLARIS (pl. XXII, fig. 3.)	— SUBPUGILLARIS, d'Orb.

Il existait déjà dans le bassin de Vienne une *Turbinella* appelée *Subcraticulata* d'Orb. in Hörnes ; voilà pourquoi M. Benoist a cru devoir changer le nom de l'espèce Dacquoise.

Genre : MUREX, Lin.

Coquilles ornées de varices épineuses sur chaque tour de spire ; ouverture arrondie ; canal souvent très long, en partie fermé.

MUREX ASPERRIMUS (pl. XXXI, fig. 15.)	MUREX SUBASPERRIMUS, d'Orb.
— BRANDARIS (pl. XXXI, fig. 1.)	— TORULARIUS. Lmk in Bell.
FUSUS CÆLATUS (pl. XXIV, fig. 26.)	— CÆLATUS, Grat. in Bell. 1871.
MUREX DURÉNOYI (pl. XXX, fig. 19.)	— SOWERBYI, Michtt.
— ERINACENS (pl. XXX, fig. 18.)	— CONSOBRINUS, d'Orb.
PURPURA LASSAIGNEI (pl. XXXV, fig. 5, 7.)	— LASSAIGNEI.
FUSUS LAVATUS (pl. XXIV, fig. 27.)	— CÆLATUS, Grat. in Bell. 1871.
MUREX OBLONGUS (pl. XXXI, fig. 13.)	— INCISUS, Hörnes.
FUSUS POLYGONUS (pl. XXIV, fig. 31.)	— SUBLAVATUS, Hörnes.
MUREX RECTISPINA (pl. XXXI, fig. 3.)	— SPINICOSTA, Bronn. 1874.
— Var. SUBMUTICA (pl. XXXI, fig. 4.)	— PARTSCHII, Hörnes.
PURPURA SCABRIUSCULA (pl. XXXV, fig. 19.)	— SCABRIUSCULUS, Grat.
MUREX SUBLAVATUS (pl. XXX, fig. 11.)	— CÆLATUS, Grat. in Bell.

PURPURA TEXTILOSA (pl. XXXV, fig. 20.)

MUREX TRIPTEROÏDES (pl. XXX, fig. 9.)

— VITULINUS (pl. XXXI, fig. 17, 18.)

MUREX SCABRIUSCULUS, Grat.

— GRATELOUPI, d'Orb.

— LINGUABOVIS, Bast. 1825.

Le *Murex Delbosianus*, de Grat. (pl. XXX, fig. 7, 10) auquel d'Orbigny avait donné le nom de *M. Grateloupi* en est bien différent. Ce sont deux espèces qu'il faut séparer.

A la liste de ces Murex du bassin de l'Adour il faut encore ajouter :

M. Heptagonatus. Bronn, que l'on trouve à St-Paul et les *M. Lamarcki*, *Bourgeoisi*, *Dujardini* que j'ai rencontrés à Lucbardez et à Canenx et qui paraissent avoir vécu cantonnés dans la partie orientale du bassin de l'Adour. (1)

Genre : TRITON, Lamk.

Coquilles à varices discontinues, irrégulièrement placées sur la spire ; tour de bouche ridé et dentelé intérieurement.

TRITON CORRUGATUM (pl. XXIX, fig. 18, 19.)

— HISINGERI (pl. XXX, fig. 25.)

— TARBELLIANUM (pl. XXIX, fig. 14.)

MUREX TRITONEUM (pl. XXIX, fig. 23.)

TRITON AFFINE, Desh. in Bell. 1873.

— LÆVIGATUM, M. de Serres. 1829

— LÆVIGATUM, M. de Serres.

— PARVULUM, Michtt.

Le *Triton Tarbellianum* (pl. XXIX, fig. 11) est une bonne espèce qui doit conserver son nom ; il en est de même du *Triton ventricosum*, de St-Paul, qui est très différent du *Triton nodiferum* que l'on rencontre à Salles (Gironde).

Genre : PERSONA (Montfort, Gray).

Les *Personas* sont des *Tritons* dont les tours sont obliques l'un à l'autre et dont la bouche, en forme d'S, se relève vers le sommet de la spire ; columelle et labre fortement plissés.

Grateloup appelle indifféremment *clathratum* deux coquilles, dont

(1) Je dois ces trois intéressantes espèces à l'obligeance de M. Dubourg, instituteur à Lucbardez (Landes).

l'une provient de St-Paul, l'autre de Gàas. Le *Triton clathratum* de St-Paul est le *Persona tortuosa,* Michtt et le *Triton chlathratum* de Gaàs est le *Persona clathrata,* Bell.

Genre : RANELLA. Lamk.

Coquille à deux rangs de varices continues, placées sur deux faces opposées.

RANELLA ANCEPS (pl. XXX, fig. 28-30.)	RANELLA SUBANCEPS, d'Orb.
— GRANIFERA (pl. XLVI, fig. 2.)	— SUBGRANIFERA, d'Orb.
— GRANULATA (pl. XXIX, fig. 4.)	— CONSOBRINA, Mayer.
— LÆVIGATA (pl. XXIX, fig. 1-2.)	— MARGINATA, Brong. 1823.
— SEMIGRANOSA (pl. XXIX, fig. 6.)	— TUBEROSA, Bon. in Bell. 1873.
— SCROBICULATA (pl. XXIX, fig. 10.)	— BASTEROTI, Benoist.

Il existe encore dans le bassin de l'Adour une *Ranella* intermédiaire entre la *R. tuberosa* et la *R. granifera;* c'est peut-être la *R. papillosa* de Pusch. in Hörnes.

Famille des CONIDÆ

Genre : CONUS, L.

Coquille conique, à spire courte ; tours nombreux, plats ; columelle lisse ; bord externe échancré à la suture.

CONUS ALSIOSUS (pl. XLV, fig. 10-16.)	CONUS AQUITANICUS, Mayer.
— ANTEDILUVIANUS (pl. XLV, fig. 2.)	— BURDIGALENSIS, Mayer.
— ANTEDILUVIANUS var. elongata (pl. XLV, fig. 18).	— PUSCHII, d'Orb.
— ANTEDILUVIANUS (pl. XLV, fig. 12-13-14.)	— CANALICULATUS, Brocchi.

CONUS DEPERDITUS (pl. XLIV, fig. 18-19.)

— NOCTURNUS (pl. XLIV, fig. 20-21.)

— STROMBELLUS (pl. XLIV, fig. 7.)

— TURRITUS (pl. XLV, fig. 12-19.)

CONUS GRATELOUPI, d'Orb.

— SUBNOCTURNUS, d'Orb.

— AQUITANICUS, Mayer.

Genre : GENOTA, H. et A. Adams. 1858.

Coquille en forme de mitre ; dernier tour long ; fente étroite, peu profonde taillée dans une échancrure postérieure ; bord gauche le plus souvent bordé chez les adultes.

PLEUROTOMA RAMOSA (pl. XIX, fig. 20, 21, 22, 23.)

GENOTA RAMOSA, Bast.

On partage aujourd'hui le genre *Genota* en 4 sous-genres : *Pseudotoma*, *Cryptoconus*, *Dolichotoma*, *Oligotoma*.

Sous-genre : PSEUDOTOMA

PLEUROTOMA INTORTA (pl. XX, fig. 40.)

PSEUDOTOMA PRÆCEDENS. Bell.

Ce *Pseudotoma*, que l'on trouve à St-Paul, diffère du *Ps. intorta*, de Saubrigues, cité par Grateloup ; ce dernier est probablement une variété du *præcedens*.

Sous-genre : CRYPTOCONUS

Coq. biconique ; columelle simple ; bord gauche mince, sinueux à la surface.

PLEUROTOMA FILOSA (pl. XX, fig. 45.)

— GRATELOUPI (pl. XX, fig. 42, 44.)

— MARGINATA (pl. XX, fig. 46.)

CRYPTOCONUS SUBFILOSA, d'Orb.

— GRATELOUPI, des Moul.

— SUBMARGINATA, d'Orb.

Sous-genre : DOLICHOTOMA, Bell. 1875.

Coquille ovale, fusiforme ; spire augmentant régulièrement du somme au dernier tour ; bord gauche échancré en forme d'aile antérieurement fente taillée dans la carène médiane, très profonde ; columelle tordue unie, plissée ; queue presque nulle.

N'est représenté que par :

PLEUROTOMA CATAPHRACTA (pl. XX, fig. 41, 43 et pl. XXI, fig. 20, 21.)	DOLICHOTOMA CATAPHRACTA, Brocc.

Sous-genre : OLIGOTOMA

Coquille biconique ; spire très-longue ; échancrure simple ; sutur bordée par un réseau très fin de côtes formant treillis ; columelle plissée

PLEUROTOMA BASTEROTI (pl. XIX. fig. 28 et pl. XX, fig. 61, 62, 64)	OLIGOTOMA BASTEROTI, Desh.
PLEUROTOMA ORNATA (pl. XIX, fig. 27 et pl. XX. fig. 63.)	— ORNATA, Defr.

Genre : CLAVATULA, Lamk.

Coquille fusiforme, assez renflée ; tours lisses ou ornementés de tubercules ou d'épines ; queue assez courte ; pas de fente.

PLEUROTOMA ASPERULATA (pl. XXI, fig. 17, 18, 19, 22.)	CLAVATULA ASPERULATA, Grat.
PLEUROTOMA BORSONI (pl. XIX, fig. 1, 2.)	— SEMIMARGINATA, Bast.
— BUCCINOÏDES (pl. XX, fig. 19.)	— BUCCINOÏDES, Grat.
— CALCARATA (pl. XXI, fig. 23.)	— CALCARATA, Gr.
— CARINIFERA (pl. XIX, fig. 17.)	— CARINIFERA, Grat.
— CONCATENATA (pl. XX, fig. 4, 5.)	— CONCATENATA, Grat.
— DETECTA (pl. XX, fig. 48.)	— DETECTA, des Moul.
— FUSUS (pl. XIX, fig. 7.)	— FUSUS, Grat.

PLEUROTOMA INTERRUPTA (pl. XX, fig. 16, 17, 18.	CLAVATULA INTERRUPTA Grat.
— JOUANNETI (pl. XXI, fig. 12.)	— JOUANNETI, des Moul.
— SEMIMARGINATA (pl. XXI,fig.3,4,5,6.)	— SEMIMARGINATA, L.
— SPINOSA (pl. XXI, fig. 24, 25.)	— SPINOSA, Grat.
— STRIATULATA (pl. XXI, fig. 8.)	— ESCHERI, Mayer.
— TURBIDA (pl. XXI, fig. 26.)	— TURBIDA, Lamk.
— TURRICULATA (pl. XIX, fig. 4.)	— TURRICULATA, Grat.
— VULGATISSIMA (pl. XX, fig. 3-7-49.)	— VULGATISSIMA, Grat.

Genre : SURCULA, H. et A. Adams. 1858.

Coquille fusiforme ; dernier tour déprimé antérieurement ; fente étroite, arquée, taillée dans une dépression postérieure ; queue longue, droite, placée dans l'axe de la coquille.

PLEUROTOMA AQUENSIS (pl. XX, fig. 14.)	SURCULA INTERMEDIA, Br.
— DIMIDIATA (pl. XX,fig. 11, 12 et 13.)	— DIMIDIATA, Brocc.
— JAVANA (pl. XIX, fig. 8, 12 et pl. XXI, fig. 1-2.)	— STRIATULATA.
PLEUROTOMA MOULINSI (pl. XXI, fig. 11.)	— INTERMEDIA, Brongn.

Auxquels il faut ajouter *Pl. longirostris*. Grat. et *Pl. transversaria*, Grat. qui sont aussi des *Surcula*.

Genre : PLEUROTOMA, Lmk. 1799.

Coquille fusiforme, allongée ; tours portant sur la partie médiane une carène correspondant à une fissure située au fond d'un sinus découpant le bord gauche.

PLEUROTOMA PANNUS (pl. XX, fig. 33.)

— STRIATULATA (pl. XXI, fig. 8.)

PLEUROTOMA CANALICULATA, Bell.

— ESCHERI, Mayer.

Genre : MEGATOMA.

Coquille biconique ; échancrure large ; sinus très-petit, placé à la hauteur de l'angle du tour ; columelle renflée ou légèrement dentée sur la partie médiane.

PLEUROTOMA CATAPHRACTA (pl. XX, fig. 41, 43.)

MEGATOMA CATAPHRACTA, Brocc.

Genre : BORSONIA, Edwards.

Le genre *Borsonia,* qui n'a pas encore été signalé, que nous sachions, dans le bassin de l'Adour, se distingue facilement des *Pleurotomes* par un cordon ou pli saillant qui règne sur la columelle.

Genre : DRILLIA. Gray.

Coquille à suture postérieure bordée ; fente étroite, queue courte.

PLEUROTOMA BASTEROTI (pl. XX, fig. 62, 64.)

— DUFOURI (pl. XX, fig. 22.)

— FALLAX (pl. XX, fig. 65.)

— MEYRACINA (pl. XXI, fig. 16.)

— MULTINODA (pl. XX, fig. 19, 20, 21.)

— TEREBRA (pl. XX, fig. 23, 24.)

DRILLIA BASTEROTI, des Moul.

— DUFOURI, des Moul.

— FALLAX.

— MEYRACINA, Grat.

— OBELISCUS, des Moul. 1842.

— TEREBRA, Bast. 1825.

Genre : MANGELIA, Leach.

Coquille fusiforme, costulée longitudinalement, petite, ornée de côtes contre la suture postérieure ; ouverture ovale, allongée ; bord gauche arqué, variqueux ; fente étroite taillée dans une varice ou entre deux varices ; queue peu distincte.

PLEUROTOMA OBTUSANGULA (pl. XX, fig. 58.)

MANGELIA OBTUSANGULA, Brocc.

PLEUROTOMA CHEILOTOMA (pl. XX, | MANGELIA (?)
     fig. 50). |

Sous-genre : CLATHURELLA (Defrancia)

Coquille possédant un bourrelet qui règne sur toute la longueur du labre. En outre, sur le péristome et contre la suture, se remarque une tubérosité ou cal qui rend l'entaille irrégulière ou sinueuse.

PLEUROTOMA COSTELLATA (pl. XX, fig. 27-28-29.)	CLATHURELLA SUBCOSTELLATA, d'Orb.
— MILLETI (pl. XX, fig. 26.)	— MILLETI, Soc. Linn. de Paris, 1826
— PUSTULATA (pl. XX, fig. 30.)	— PERRISI, Ben.

Sous-genre : RAPHITOMA, Hall.

Coquille à bord externe, sinueux, dont l'entaille est placée dans une cannelure rapprochée de la suture ; canal court, large, se confondant pour ainsi dire avec le bord de la coquille.

PLEUROTOMA BRODERIPI (pl. XX, fig. 74.)	RAPHITOMA BRODERIPI, Grat.
— VULPECULA (pl. XX, fig. 39.)	— VULPECULA, Br.

Auxquels il faut joindre *Pleurotoma plicata*, *Pleurotoma glabella*, *Pleurotoma Requieni* qui sont des *Raphitomas* d'espèces non encore bien déterminées.

Pour terminer cette révision des *Pleurotomes*, nous ferons remarquer que le *Pleurotoma purpurea* de Grat. (pl. XXI, fig. 30) ne paraît pas être un *Pleurotomidæ* et que son *Pleurotoma polita* (pl. XX, fig. 2) à coquille non entière doit être un *Buccinum* ou une *Columbella*.

Il y aurait donc en tout une cinquantaine d'espèces de *Pleurotomes* dans le bassin de l'Adour ; on en compte une centaine au plus dans les gisements du Bordelais.

Famille des FICULADÆ

Genre : FICULA, Sw.

Ce genre, qui tire son nom d'une ressemblance assez lointaine avec le fruit du figuier, comprend des coquilles minces, en forme de poire ou de massue, à spire courte, involvée, dont la surface extérieure est presque toujours régulièrement treillissée. Il a été institué par Swainson en 1840 pour certaines coquilles que l'on considérait comme des Pyrules.

PYRULA CLATHRATA (pl. XXVIII, fig. 6.)	FICULA RETICULATA, Lamrck.
— CLAVA (pl. XXVI fig. 5, 6, pl. XXVII, fig. 4, 5, 6, 16 et pl. XXVIII, fig. 16.)	— BURDIGALENSIS, Sow. 1824.
— CONDITA (pl. XXVII, fig. 8, 9, pl. XXVIII, fig. 9, 10.)	— CONDITA. Sism. 1847.
— FICOÏDES, (pl. XXVII, fig. 15.)	— GEOMETRA, Sism. 1847.
— ELEGANS (pl. XXVII, fig. 13, 14.)	— SUBELEGANS, d'Orb.

Famille des CHENOPIDÆ

Genre : CHENOPUS, Philippi.

Coquille remarquable par l'expansion du bord droit à l'âge adulte ; ce bord est alors lobé ou digité ; les digitations canaliculées sont en dedans et la supérieure presque toujours détachée de la spire.

Du temps de Grateloup, ce genre était confondu avec celui des *Rostellaires*. Aujourd'hui on ne considère plus comme suffisantes les raisons qui ont porté le savant docteur à voir deux espèces différentes dans la *Rostellaria pespelicani*. Bast. et la *R. pescarbonis*. Dub. de Montp.

ROSTELLARIA PESPELICANI (pl. XXXII, fig. 5.)	CHENOPUS BURDIGALENSIS, d'Orb.
— PESCARBONIS (pl. XXXII, fig. 6.)	

Citons encore du bassin de l'Adour *Chenopus oxidactylus*, Sandb. que Grateloup n'a pas figuré et que l'on trouve à Gàas, mais très rare.

Famille des STROMBIDÆ

Trois genres seulement sur cinq qui composent cette famille, sont représentés dans le bassin de l'Adour.

Genre : ROSTELLARIA, Lamk.

Coquille à spire allongée ; tours nombreux ; labre plus ou moins dilaté, n'ayant qu'un sinus situé près du canal.

Il n'y a dans ce genre aucune modification à faire aux dénominations de Grateloup, sauf celle que nous venons d'indiquer à propos des *Chenopus.*

Genre : STROMBUS, Lin.

Coquille assez ventrue, tuberculeuse ou épineuse ; spire courte ; ouverture longue, tronquée en bas avec un court canal en haut ; échancrure profonde à côté de la sinuosité du canal.

ROSTELLARIA DECUSSATA (pl. XXXIII fig. 3.)	STROMBUS DECUSSATUS, Defr. in Bast. 1882.
STROMBUS FOSCIOLARIOÏDES (pl. XXXIII, fig. 2.)	— GRATELOUPI, d'Orb.
— FUSOÏDES (pl. XXXII, fig. 17.)	
— GIBBOSULUS (pl. XXXII, fig. 7.)	
— INTERMEDIUS (pl. XXXII fig. 8.)	— BONELLI BRONG, in Hornes.
— LUCIFER (pl. XXXIII, fig. 7.)	
— RADIX (pl. XXXII, fig. fig. 10, 14, 15.)	
— SUBCANCELLATUS (pl. XXXII, fig. 9.)	

Genre : TEREBELLUM, Lamk.

Coquille lisse, subcylindrique ; spire courte ou nulle ; ouverture longue et étroite, tronquée à la base ; bord externe mince.

TEREBELLUM FUSIFORME (pl. XLII, fig. 2, 3.)	TEREBELLUM SUBFUSIFORME, d'Orb.

Famille des CASSIDIDÆ

Genre : CASSIS, Lamk.

Coquille ventrue ; spire courte ; ouverture longue, étroite ; bord droit épaissi par un bourrelet garni de dents et de sillons ; bord gauche calleux se détachant de la columelle pour se réunir au bord du canal ; ouverture terminée par une échancrure profonde de forme invariable pour toutes les espèces.

CASSIS LÆVIGATA (pl. XXXIV, fig. 7.)	CASSIS GRATELOUPI, Desh.
— GRANULOSA (pl. XXXIV, fig. 20.)	id. id. id.
— CRUMENA (pl. XXXIV, fig. 2, 3.)	CASSIS SUBCRUMENA, d'Orb.

Le *C. striatella* et le *C. texta*, de Grateloup, sont deux bonnes espèces, à conserver. Elles diffèrent du *C. Grateloupi*, Desh. avec lequel on a voulu les confondre.

Genre : CASSIDARIA, Lamk.

Ce genre ne diffère du précédent que par la longueur du canal qui se recourbe obliquement.

CASSIS INTERMEDIA (pl. XLVI, fig. 7.)	CASSIDARIA ECHINOPHORA, Lmk.

Genre : ONISCIA, Sowerby.

Distinguable par son ouverture étroite, à bords parallèles et par le canal très-court qui termine l'échancrure.

CASSIDARA CYTHARA (pl. XXXIV, fig. 7, 9, 18.)	ONISCIA CYTHARA, Bon.
— ONISCUS (pl. XXXIV, fig. 5, 6.)	— VERRUCOSA, Michtt.

Quant à la *Cassidaria harpæformis* (pl. XXXIV, fig. 8), de Grat. ce n'est très-probablement qu'une *Harpa submutica* très-adulte.

3ᵉ Division des PECTINIBRANCHES

C. — Coquilles à ouverture échancrée.

Famille des BUCCINIDÆ

Cette famille, très-riche en genres, en compte huit fossiles dans le bassin de l'Adour : *Buccinum, Rapana, Vitularia, Purpura, Eburna, Phos, Nassa, Terebra.*

_____

Genre : BUCCINUM, L.

Coquille à tours peu nombreux ; ouverture large, rétrécie par un angle à son extrémité postérieure ; base de l'ouverture terminée par une échancrure profonde à laquelle aboutit un bourrelet oblique qui part de la columelle.

BUCCINUM POLITUM (pl. XXXVI, fig. 10-39.)	BUCCINUM SUBPOLITUM, d'Orb.
BUCCINUM POLITUM (pl. XXXVI, fig. 31.)	B. DESHAYESI, Mayer. 1862.

_____

Genre : RAPANA, Schum.

Coquille largement ombiliquée ; couche externe cornée ; spire courte.

PYRULA JAUBERTI (pl. XXVII, fig. 11-12.)	RAPANA JAUBERTI, Grat.

_____

Genre : VITULARIA, Swainson.

Coquilles à varices irrégulières ; surface papilleuse ; columelle plate ; canal ouvert.

MUREX VITULINUS (pl. XXXI, fig. 17 et 18.)	VITULARIA LINGUABOVIS, Bast.

_____

Genre : PURPURA, (Adams), Lam.

Coquille épaisse, striée, imbriquée ou tuberculeuse ; ouverture large, légèrement échancrée en avant ; bord supérieur usé ou aplati. Les coquilles des *Purpura* dont l'ouverture est rétrécie par des projections calleuses constituent le sous-genre *Ricinula*.

Ricinula aspera (pl. XXXV, fig. 14.)	Purpura (ricinula) subaspera, d'Orb.
— calcarata (pl. XXXV, fig. 15-18.)	— — calcarata, Grat.
— morus (pl. XXXV, fig. 16-17.)	— — Grateloupi, d'Orb

Genre : EBURNA, Lamarck.

Coquille lisse, ombiliquée quand elle est jeune ; bord interne calleux, s'étendant sur l'ombilic et le couvrant chez l'adulte.

Eburna spirata (pl. XLVI, fig. 6.)	Eburna Caronis, Brongn.

Quant à l'*E. Brugadina*, de Grateloup (pl. XLVI, fig. 11.) c'est une espèce différente de l'*E. Caronis* ; elle doit être conservée.

Genre : PHOS, Montfort.

Coquille très-voisine des *Nassa*, treillissée ; bord externe strié intérieurement ; columelle obliquement sillonnée ; se distingue des *Nasses* et des *Buccins* par un léger sinus près du canal, sur le bord droit.

Buccinum polygonum (pl. XXXVI, fig. 38.)	Phos polygonum, Brocchi.

Genre : NASSA, Lam.

Coquille semblable à celle des *Buccins* ; bord columellaire calleux, étalé, formant une saillie dentiforme près du canal antérieur.

Buccinum asperulum (pl. XXXVI, fig. 29.)	Nassa asperula, Defr. in Bast.
— asperulum (pl. XXXVI, fig. 33.)	— pulchella, Grat.
— asperulum (pl. XXXVI, fig. 25.)	— vulgatissima, Mayer.
— Desnoyersi, (pl. XXXVI, fig. 22.)	— Desnoyersi, Grat.

Buccinum mirabile (pl. XXXVI, fig. 24.)	Nassa mirabilis, Grat.
— mutabile (pl. XXXVI, fig. 27.)	— mutabilis, Brocch.
— prismaticum (pl. XXXVI, fig. 37.)	— prismatica, Brocchi.
— semistriatum (pl. XXXVI, fig. 5-15.)	— semistriata, Brocchi.
— substramineum (pl. XXXVI, fig. 12.)	— substraminea, Grat.
— Tarbellicum (pl. XXXVI, fig. 17.)	— Tarbelliana, Grat.
— ventricosum (pl. XXXVI, fig. 4.)	— ventricosa, Grat.

Genre : TEREBRA, Lam.

Coquille longue, turriculée, très-pointue ; ouverture ovale, échancrée en avant, bord droit lisse ; columelle tordue par un pli oblique.

Terebra cinerea (pl. XXXV, fig. 25.)	Terebra subcinerea, d'Orb.
— duplicata (pl. XXXV, fig. 24.)	— Basteroti, Nyst. 1843.
— plicaria (pl. XXXV, fig. 22.)	— fuscata, Brocchi.

Famille des OLIVIDÆ

Ne comprend que les genres *Oliva* et *Ancillaria*.

Genre : OLIVA, Lam.

Coquille cylindrique, polie ; spire très-courte, suture canaliculée ; ouverture longue, échancrée en avant ; columelle calleuse, obliquement striée ; dernier tour sillonné près de la base.

Oliva clavula (pl. XLII, fig. 25, 26, 27.)	Oliva subclavula, d'Orb.
— Laumontiana (pl. XLII, fig. 31.)	— Grateloupi, d'Orb.

Genre : ANCILLARIA, Lam.

Coquille à spire entière, complètement émaillée ; columelle légèrement striée ; dernier tour échancré et sillonné à la base.

ANCILLARIA CANALIFERA (pl. XLII, fig. 19-20.)

— GLANDINA (pl. XLII, fig. 15-16.)

ANCILLARIA SUTURALIS, Bonelli. 1820.

— OBSOLETA, Brocchi in Hörnes.

Famille des CYPRÆADÆ

Comprend les genres *Marginella, Erato, Cypræa, Ovula.*

Genre : MARGINELLA, Lam.

Coquille lisse, brillante ; spire courte ou cachée ; ouverture tronquée en avant ; columelle garnie de plis ; bord droit épaissi par un bourrelet qui se continue sur le pourtour de l'échancrure et se joint au premier pli de la columelle.

MARGINELLA OVULATA (pl. XLII, fig. 35.)

MARGINELLA SUBOVULATA, d'Orb.

La *Marginella miliacea,* Lmk. est une bonne espèce à conserver.

Genre : ERATO, Risso

Diffère des *Marginelles* en ce que les bords de l'ouverture sont finement crénelés en dedans, ressemblant en cela aux *Cypræas.*

MARGINELLA CYPRÆOLA (pl. XLII, fig. 33-34.)

ERATO LÆVIS, Don. in Hörnes.

Genre : CYPRÆA, Lin.

Très-riche en individus dans le bassin de l'Adour :

CYPRÆA ANNULUS (pl. XL, fig. 11, 12, 13.)

— COCCINELLA (pl. XLI, fig. 31.)

— HIRUNDO (pl. XLI, fig. 25.)

— ISABELLA (pl. XLI, fig. 11.)

— NUCLEUS (pl. XLI, fig. 29.)

CYPRÆA BROCCHI, Desh. 1844.

— (TRIVIA) AFFINIS, Duj. 1835.

— SANGUINOLENTA, Gml.

— SANGUINOLENTA, Gml.

— (s.-g. PUSTULARIA) DUCLOSIANA. Bast. 1825.

Cypræa porcellus (pl. XL, fig. 4.)

— pustulata (pl. XLI, fig. 30.)

— pyrula (pl. XL, fig. 7, 8.)

— sphæriculata (pl. XLI, fig. 27.)

Cypræa pyrum, Gmelin in Hörnes.

— (s.-g. pustularia) Duclosiana, Bast. 1825.

— gibbosa, Borson.

— (s.-g. trivia) affinis, Duj. 1835.

Le sous-genre *Trivia* a été introduit dans les *Cyprées* pour des coquilles dont les stries s'étendent jusque sur le dos.

Quant à l'assimilation qu'on a voulu faire du *C. Ovum* (pl. XL, fig. 1, 2) au *C. leporina*, de Lamarck, elle est pour le moins douteuse.

Famille des VOLUTIDÆ

Comprend les genres *Columbella, Mitra, Voluta.*

Genre : COLUMBELLA, Lam.

Coquille petite, à ouverture longue et étroite ; bord externe épaissi, surtout dans le milieu ; bord interne crénelé.

Fusus nassoïdes (pl. XXIV, fig. 40, 41.)

Buccinum columbelloïdes (pl. XXXVI, fig. 14, 21 et 32, 34.)

Mitra turgidula (pl. XXXVII, fig. 23.)

Columbella nassoïdes, Bell. 1849.

— Girondica, Benoist.

— Turonica, Mayer.

Genre : MITRA, Lam.

Coquille fusiforme ; ouverture petite, échancrée en avant ; columelle plissée obliquement.

Mitra elongata (pl. XXXVII, fig. 3, 4.)

— scrobiculata (pl. XXXVII, fig. 15, 17.)

— plicatula (pl. XXXVII, fig. 21.)

Mitra subelongata, d'Orb.

— Grateloupi, d'Orb.

— pyramidella, Brocchi.

Il existe, en tout, une vingtaine de *Mitres* dans le S.-O. de la France, y compris les petites espèces que Grateloup n'a pas connues.

Genre : VOLUTA, L.

Habite les mers chaudes ; coquille épaisse ; échancrure assez profonde en avant ; columelle plissée, le pli le plus gros en avant, à l'inverse des Mitres.

VOLUTA AMBIGUA (pl. XXXVIII, fig. 14, 15.)	VOLUTA SUBAMBIGUA, d'Orb.
— AFFINIS (pl. XXXVIII, fig. 16, 20, 17.)	— FICULINA, Lmk.
— AURISLEPORIS (pl. XXXIX, fig. 20.)	— (s.-g. SCAPHELLA) LAMBERTI, Sow. 1816.
— COSTARIA (pl. XXXIX, fig. 12.)	— SUBCOSTARIA d'Orb.
— COSTATA (pl. XLVI, fig. 14.)	— (s.-g. LYRIA) SUBCOSTATA, d'Orb.
— ELEGANS (pl. XXXVIII, fig. 2, 5.)	— GABRIELIS, Ben.
— HARPULA (pl. XXXIX, fig. 13, 14, 17.)	— SUBHARPULA, d'Orb.
— TARBELLIANA (pl. XXXIX, fig. 1, 2.)	— (s.-g. SCAPHELLA) LAMBERTI, Sow.

Sous-ordre des PULMOBRANCHIATÆ

Famille des SIPHONARIADÆ

Genre : SIPHONARIA, Sowerby.

Coquille patelliforme ; impression musculaire en fer à cheval, divisée du côté droit par une gouttière siphonale.

M. Benoist, dans son *Catalogue synonymique et raisonné des faluns de Saucats*, assimile la *Patella costaria*, Desh., figurée par Grateloup (pl. I, fig. 6, 7) au *Siphonaria subcostaria*, d'Orb. Cette assimilation est aujourd'hui très-douteuse ; la *P. costaria* est de Gàas, le *Siphonaria*, de St-Paul.

Quant à la *Patella vulgata* (pl. I, fig. 5) c'est très-probablement le *Siphonaria Vasconiensis*, Michtt.

Genre : PLANORBIS, Müller.

Coquille discoïde, dextre, à tours nombreux, arrondis, se découvrant l'un l'autre ; ouverture en croissant ; bord supérieur saillant.

Une seule espèce à rectifier :

PLANORBIS CORNU (pl. IV, fig. 33.) | PLANORBIS SOLIDUS, Thomæ. 1845.

Famille des AURICULIDÆ

Genre : A U R I C U L A, Lmk.

Coquille oblongue, à spire courte ; ouverture longue, étroite, arrondie postérieurement ; columelle bi ou triplissée antérieurement ; bord gauche épais, réfléchi extérieurement.

AURICULA BIPLICATA (pl. II, fig. 5.) | MELAMPUS PILULA, Tournouër. 1872.

Genre : PLECOTREMA, H. et A. Adams.

Coquille ovato-conique, solide ; ouverture grimaçante ; un pli columellaire, deux plis pariétaux, péristome épais, bidenté.

AURICULA MARGINALIS (pl. II, fig. 2.) | PLECOTREMA MARGINALIS, Tournouër, 1870.

Famille des H E L I C I D Æ

Genre : HELIX, L.

Coquille globuleuse ou discoïde, ombiliquée ou imperforée, généralement conoïde ; ouverture transverse, oblique ; bords simples ou bordés (genre terrestre.)

HELIX DEPRESSA (pl. III, fig. 7, 8.) | HELIX ASPERA, Grat. 1840.
— SUBGLOBOSA (pl. IV, fig. 4.) | — GIRONDICA, Noulet. 1854.

Nous arrêtons ici la révision de certaines espèces figurées dans l'Atlas Conchyliologique, et avant de procéder à la récapitulation alphabétique de ces mêmes espèces révisées, nous croyons devoir dresser le tableau géologique des localités citées par Grateloup, en tête de son ouvrage. De profondes modifications ont été introduites dans le classement adopté par le savant Landais, et il convenait que cette partie de son travail fût aussi mise au courant de la science moderne.

Miocène supérieur .

Etage Tortonien. . . .	.	Saubrigues ? St-Jean-de-Marsacq ?

Miocène moyen. . .

Etage Helvétien. . . .
- supérieur . Orthez, Soustons, *Salles* (1)
- moyen . . *Saucats*, Mont-de-Marsan.
- inférieur . Narrosse, Montfort, Sort, Ozourt, *Martignas*.

Miocène inférieur. .

Etage Langhien. . . .
- supérieur . Mandillot, *Cestas, Saucats*, (faluns blancs).
- moyen . . *Saucats, Léognan*, Mimbaste
- inférieur . *Léognan*, St-Paul, *Mérignac*, Abbesse, St-Avit, *Martillac*, St-Médard.

Oligocène supérieur.

Etage Aquitanien . . .	*Saucats, Bazas, Léognan, Martillac, St-Médard*, St-Avit (inférieur), St-Sever, Lucbardez.

Oligocène moyen. .

Etage Tongrien supérieur ou Rupélien.	Gâas (Lesbarritz), (Garanx), Dax (Lesperon), *Bordeaux, Entre deux mers, Terre nègre*, Saubusse.

Oligocène inférieur.

Etage Tongrien proprement dit.	*Civrac, Castillon, Fronsac, Pauillac*, etc.

Eocène supérieur. .

Calcaire de *St-Estèphe* (couches à *Paleotherium*).

Eocène moyen . . .

Calcaires lacustre et marin de *Blaye*.

Eocène inférieur . .

Biarritz, St-Palais (sables et marnes nummulitiques), Chalosse.

Crétacé supérieur. .

Tercis, Rivière, Angoumé, etc.

(1) On a indiqué en *italiques* les noms des localités du bassin de la Gironde synchroniques des gisements adouriens ou Landais.

RÉCAPITULATION ALPHABÉTIQUE DES ESPÈCES RÉVISÉES

Acteon costellata (pl. 11 fig. 69-70.) =Turbonilla costellata, Grat.
— dubia (pl. 11, fig. 48-50.) = — dubia, Grat.
— incerta (pl. 11, fig. 61-64.) =Odostomia plicata, Wood. 1842.
— intermedia (pl. 11, fig. 71-72.) =Turbonilla intermedia, Grat.
— nitidula (pl. 11, fig. 59-60.) =Odostomia nitidula, Grat.
— pseudo-auricula(pl. 11.fig.75-76.)=Turbonilla pseudo-auricula, Grat.
— pygmæa (pl. 11, fig. 77-78.) = — pygmæa, Grat.
— spina (pl. 11, fig. 65-66.) = — Grateloupi, d'Orb.
— subumbilicata (pl. 11, fig. 51-52.)= — subumbilicata, Grat.
— terebralis (pl. 11, fig. 67-68.) = — gracilis, Brocchi, 1814.
Ancillaria canalifera (pl. 42, fig. 19-20) =Ancillaria suturalis, Bonelli, 1820.
— glandina (pl. 42, fig. 15-16.) = — obsoleta, Brocchi in Hornes.
Auricula biplicata (pl. 2, fig. 5.) =Melampus pilula, Tournouër. 1872.
— marginalis (pl. 2, fig. 2.) =Plecotrema marginalis, Tournouër.1870.
Buccinum Andrei (pl. 36, fig. 8.) =Euthria marginata, Duj.
— asperulum(pl. 36, fig. 29.) =Nassa asperula, Defr. in Bast.
— asperulum (pl. 36, fig. 33.) = — pulchella, Grat.
— asperulum (pl. 36, fig. 25.) = — vulgatissima, Mayer.
— columbelloïdes (pl. 36, fig. 14,=Columbella Girondica, Benoist.
21, 32 et 34.)
— Desnoyersi (pl. 36, fig. 22.) =Nassa Desnoyersi, Grat.
— mirabile (pl. 36 , fig. 24.) = — mirabilis, Grat.
— mutabile (pl. 36, fig. 27.) = — mutabilis, Brocch.
— papyraceum (pl. 36, fig. 28.))
— phasianelloïdes (pl.36,fig.13.))=Anura papyracea, Grat.
— politum (pl. 36, fig. 10-39.) =Buccinum subpolitum, d'Orb.
— politum (pl. 36, fig. 31.) = — Deshayesi, Mayer. 1862.
— polygonum (pl. 36, fig. 38.) =Phos polygonum, Brocchi.
— prismaticum (pl. 36, fig. 37.) =Nassa prismatica, Brocchi.
— semistriatum (pl. 36, fig. 5-15)= — semistriata, Brocchi.
— substramineum (pl. 36, fig. 12.)= — substraminea. Grat.
— Tarbellicum (pl. 36, fig. 17.) = — Tarbelliana, Grat.
— ventricosum (pl. 36, fig. 4.) = — ventricosa, Grat.
Bulla acuminata (pl. 2, fig. 43-44.) =Volvula acuminata, Brug, 1792.
— angistoma (pl. 2 fig. 6-7.) =Cylichna subangistoma, d'Orb.
— cancellata (pl. 2, fig. 21-22.) =Haminea cancellata, Grat.
— conulus (pl. 2, fig. 4-5.) =Cylichna subconulus, d'Orb. 1852.
— convoluta (pl. 2, fig. 37-38.) = — pseudo-convoluta, d'Orb.
— crassatina (pl. 2, fig. 26.) =Haminea crassatina, Grat.
— cylindrica (pl. 2, fig. 39-40). =Cylichna Brocchii, Michelotti, 1838.
— fallax (pl. 2, fig. 19-20.) =Haminea fallax, Grat.
— Fortisii (pl. 2, fig. 3.) =Scaphander Grateloupi, d'Orb.
— labrella (pl. 2, fig. 10-11.) =Haminea labrella, Grat.
— lignaria (pl. 2, fig. 1.) =Scaphander Aquitanicus, Benoist.
— lignaria (pl.2,fig.2,Linn. non Grat.)= — lignarius, Linn.
— semistriata (pl. 2, fig. 31-32.) =Cylichna Burdigalensis, d'Orb.

Bulla Tarbelliana (pl. 2, fig. 29-30.)   =Cylichna Tarbelliana, Grat.
 —   utricula (pl. 2, fig. 14-15-16.)   =Haminea subutricula, d'Orb.
Calyptræa trochiformis (pl. 1, fig. 48-59.) =Calyptræa ornata, Bast. 1825.
 —   muricata (pl. 1, fig. 75-79.)   =   —   Sinensis. Desh. 1824.
Cancellaria buccinula (pl. 25, fig. 9.)   =Cancellaria Basteroti, Desh.
 —   hirta (pl. 25, fig. 25)   =   —   calcarata Brocchi.
 —   varicosa (pl. 25, fig. 8.)   =   —   subvaricosa, d'Orb.
Cassidaria cythara (pl. 34, fig. 7, 9, 18.)   =Oniscia cythara, Bon.
 —   oniscus (pl. 34, fig. 5-6.)   =Cassidaria verrucosa, Michtt.
Cassis crumena (pl. 34, fig. 2-3.)   =Cassis subcrumena, d'Orb.
 —   granulosa (pl. 34, fig. 20.)   =   —   Grateloupi, Desh.
 —   intermedia (pl. 46, fig. 7.)   =Cassidaria echinophora, Lmk.
 —   lævigata (pl. 34, fig. 7.)   =Cassis Grateloupi, Desh.
Cerithium alucoïdes (pl. 17, fig. 22.   =Cerithium vulgatum, Brug.
 —   clathratum (pl. 17, fig. 14.)   =   —   spina, Partsch.
 —   clavatulatum (pl. 17, fig. 17.)   =   —   subclavatulatum, d'Orb.
 —   diaboli (pl. 18, fig. 10.)   =   —   Burdigalinum, d'Orb.
 —   inversum (pl. 18, fig. 31.)   =Triforis perversa, Linn. in d'Ancona.
 —   Konincki (pl. 18, fig. 1-5.)   = Cerithium ocirrhoë, d'Orb.
 —   parvulum (pl. 18, fig. 32.   =   —   trilineatum, Phil.
 —   scaber (pl. 18, fig. 29.)   =   —   scabrum. Olivi, 1792.
 —   terebellum, (pl. 17, fig. 24.)   =   —   subterebellum, d'Orb.
 —   thiara (pl. 18, fig. 7-9.)   =   —   pictum, Bast, 1825.
 —   thiarella (pl. 18, fig. 23-24.)   =   —   pseudothiarella, d'Orb.
Cleodora strangulata, Grat. (pl.1, fig. 3-4.) = Vaginella depressa, Daudin.
Conus alsiosus (pl. 45, fig. 10-16.)   = Conus Aquitanicus, Mayer.
 —   antediluvianus (pl. 45, fig. 2.)   =   —   Burdigalensis, Mayer.
 —   antediluvianus var. elongata (pl.=   —   Puschii, d'Orb.
   45, fig. 18.)
 —   antediluvianus (pl. 45, fig. 12-13-=   —   canaliculatus, Brocchi.
   14.)
 —   deperditus (pl. 44, fig. 18-19.)   =   —   Grateloupi, d'Orb.
 —   nocturnus (pl. 44, fig. 20-21.)   =   —   subnocturnus, d'Orb.
 —   strombellus (pl. 44, fig. 7.)   }
 —   turritus (pl. 44, fig. 12-19.)   }   =   —   Aquitanicus, Mayer.
Cyclostoma cancellata (pl. 3, fig. 30.)   = Lacuna cancellata, Grat.
Cypræa annulus (pl. 40, fig. 11, 12, 13.   = Cypræa Brocchii, Desh, 1844.
 —   coccinella (pl. 41, fig. 31.)   =   —   (Trivia) affinis, Duj. 1835.
 —   hirundo (pl. 41, fig. 25.   }
 —   Isabella (pl. 41, fig. 11.)   }   =   —   sanguinolenta, Gml.
 —   nucleus (pl. 41, fig. 29.)   =   —   (s.-g Pustularia) Duclosiana, Bast, 1825.
 —   porcellus (pl. 40, fig. 4.)   =   —   pyrum, Gmelin, in Hornes.
 —   pustulata (pl. 41, fig. 30.)   =   —   (s.-g. Pustularia) Duclosiana, Bast. 1825.
 —   pyrula (pl. 40, fig. 7-8.)   =   —   gibbosa, Borson.
 —   sphæriculata (pl. 41, fig. 27.)   =   —   (s.-g. Trivia) affinis, Duj. 1835.
Delphinula granulosa (pl. 12, fig. 17-18.) = Turbo subgranulosus, d'Orb.
 —   marginata (pl. 12, fig. 19-20, = Delphinula hellica, d'Orb.
   21.)

Delphinula sulcata (pl. 12. fig. 16.)   = Turbo sulcatus, d'Orb.
—   trigonostoma (pl. 12, fig. 24- = Adeorbis planorbillus, Duj., 1837.
26.)
Eburna spirata (pl. 46, fig. 6.)   = Eburna Caronis, Brongn.
Emarginula clathrata (pl. 1, fig. 11-14.)   = Emarginula clathrataeformis, Eichw.1830.
Fasciolaria Burdigalensis (pl. 23,fig. 6-8- = Tudicla Burdigalensis, Bast.
11 et pl. 24, fig. 8-10-11.)
—   Burdigalensis, Var. contorta = Euthria contorta, Grat.
(pl. 23, fig. 10.)
—   Burdigalensis, Var. dubia (pl. = Clavella? dubia, Grat.
24, fig. 22.)
—   polygonata (pl. 22, fig. 18 et = Hemifusus aequalis, Michtt.
pl. 23, fig. 12.)
Fissurella costaria (pl. 1, fig. 20-21.)   = Fissurella Italica, Desh., 1820
—   depressa (pl. 1, fig. 22.)   =   —   Aquensis, d'Orb., 1852.
Fusus caelatus (pl. 24, fig. 26.)   = Murex caelatus, Grat. in Bell., 1871.
—   diluvianus (pl. 24, fig. 4.)   = Hemifusus diluvianus, Grat.
—   lavatus (pl. 24, fig. 27.)   = Murex caelatus, Grat. in Bell., 1871.
—   mitraeformis (pl. 24, fig. 36-37-38.) = Metula mitraeformis, Brocchi in Bell., 1873.
—   Moquinianus (pl. 24. fig. 21.)   = Fusus Marcelli Serresi, Grat.
—   nassoïdes (pl. 24, fig. 40-41.)   = Columbella nassoïdes, Bell., 1849.
—   polygonus (pl. 24, fig. 31.)   = Murex sublavatus, Hornes.
—   Serresi (pl. 24, fig.42.)   = Euthria Serresi, Grat.
—   virgineus (pl. 24, fig. 1-2-3.)   =   —   virginea, Gray.
Helix depressa (pl. 3, fig. 7-8.)   = Helix aspera, Grat., 1840.
—   subglobosa (pl. 4, fig. 4.)   =   —   Girondica, Noulet, 1854.
Marginella cypraeola (pl. 42, fig. 33-34.)   = Erato laevis, Don. in Hornes.
—   ovulata (pl. 42, fig. 35.)   = Marginella subovulata, d'Orb.
Melania costellata (pl. 4, fig. 1.)   = Diastoma Grateloupi, d'Orb., 1852.
—   distorta (pl. 4, fig. 14.)   = Eulima similis, d'Orb., 1852.
—   lactea (pl. 4. fig. 10-13.)   =   —   lactea, d'Orb., 1852.
—   nitida (pl. 4, fig. 5.)   =   —   Burdigalina, Benoist.
—   spina (pl. 4, fig. 6-7.)   =   —   spina, d'Orb.
Mitra elongata (pl. 37, fig. 3-4.)   = Mitra subelongata, d'Orb.
—   plicatula (pl. 37, fig. 21.)   =   —   pyramidella, Brocchi.
—   scrobiculata (pl. 37, fig. 15-17.)   =   —   Grateloupi, d'Orb.
—   turgidula (pl. 37, fig. 23.)   = Columbella Turonica, Mayer.
Murex asperrimus (pl. 31, fig. 15.)   = Murex subasperrimus, d'Orb.
—   brandaris (pl. 31, fig. 1.)   =   —   torularius, Lmk. in Bell.
—   Dufrénoyi (pl. 30, fig. 19.)   =   —   Sowerbyi, Michtt.
—   erinaceus (pl. 30, fig. 18.)   =   —   consobrinus, d'Orb.
—   oblongus (pl. 31, fig. 13.)   =   —   incisus, Hornes.
—   rectispina (pl. 31, fig. 3.)   =   —   spinicosta, Bronn., 1874.
—   var. submutica (pl. 31, fig. 4.)   =   —   Partschii, Hornes.
—   sublavatus (pl. 30, fig. 11.)   =   —   caelatus, Grat. in Bell.
—   tripteroïdes (pl. 30, fig. 9.)   =   —   Grateloupi, d'Orb.
—   tritoneum (pl. 29, fig. 23.)   = Triton parvulum, Michtt.
—   vitulinus (pl. 31, fig. 17-18.)   = Vitularia linguabovis, Bast. 1825.
Natica angustata (pl. 8, fig. 1-5.)   = Natica Delbosi, Hébert.
—   gibberosa (pl. 9, fig. 1-4.)   =   —   compressa, Bast.
—   glaucinoïdes(pl.10,fig.9-10-11-12.) =   —   Josephinia Risso.

Natica globosa (pl. 10, fig. 1.) = Natica compressa, Bast.
— labellata (pl. 10, fig. 20-21.) = — helicina, Brocchi.
— maxima (pl. 6, fig. 1-2.) = — crassatina, Desh.
— patula, Desh. (pl. 9, fig. 9.) = — subdepressa, Grat. (pl. 8, fig. 7-8.)
— ponderosa (pl. 7, fig. 2-3-5-6.) = — Delbosi, Hébert.
— striatella (pl. 10, fig. 24.) = Sigaretus sulcatus (2), Recl.
— tigrina (pl. 10, fig. 5.) = Natica Burdigalensis, Mayer.
Nerita cornea (pl. 5, fig. 34-35.) = Nerita eburnea. Hæning.
— plicata (pl. 5, fig. 27-28.) = — Basteroti.
— fluviatilis (pl. 5, fig. 1-3.) = Neritina Burdigalensis. d'Orb,
— picta (pl. 5, fig. 13.) = — Férussaci, Recl.
— pisiformis (pl. 5, fig. 21-22-23.) = — subpisiformis, d'Orb.
Oliva clavula (pl. 42, fig. 25-26-27.) = Oliva subclavula d'Orb.
— Laumontiana (pl. 42, fig. 31.) = — Grateloupi, d'Orb.
Paludina nana (pl. 3, fig. 45-46.) = Rissoa nana, Crat.
Patella costaria (pl. 1, fig. 6-7. = Patella subcostaria. d'Orb., 1852.
— vulgata (pl 1, fig. 5.) = Siphonaria Vasconiensis, Michtt ??
Phasianella angulifera (pl. 14, fig. 26.) = Littorina Grateloupi, Desh. in d'Orb.
— Prevostina (pl. 14, fig. 29-30.) = — Prevostina, Bast, 1825.
— turbinoïdes (pl. 14, fig. 28.) = Phasianella Aquensis, d'Orb.
— varicosa (pl. 14, fig. 37-38.) = Littorina subvaricosa, d'Orb.
— (s.-g. Paludextrina, d'Orb.)
— varicosa (pl. 14, fig. 39-40.) = Rissoa costellata, Grat., 1838.
Pileopsis Aquensis(pl. 1, fig. 36-39.) = Pileopsis subelegans, d'Orb., 1852.
— bistriata (pl. 1, fig. 44-47.) = — bistriatus, Grat.
— elegans (pl. 1, fig. 32-33.) = Hipponyx Grateloupi, Benoist.
— granulosa (pl. 1, fig. 29-30.) = — granulatus, Bast., 1825.
Planorbis cornu (pl. 4, fig. 33.) = Planorbis solidus, Thomæ, 1845.
Pleurotoma Aquensis (pl. 20, fig. 14.) = Surcula intermedia, Br.
— asperulata (pl. 21, fig. 17-18- = Clavatula asperulata, Grat.
19-22.)
— Basteroti (pl. 20, fig. 61-62- = Drillia Basteroti, des Moul.
63 et pl. 21, fig. 28.)
— Borsoni (pl. 19, fig. 1-2.) = Clavatula semimarginata, Bast.
— Broderipi (pl. 20, fig. 74.) = Raphitoma Broderipi, Grat.
— buccinoïdes (pl. 20, fig. 19.) = Fusus(s.-g.Pusionella)buccinoïdes, Bast.
— buccinoïdes (pl. 19, fig. 19.) = Clavatula buccinoïdes, Grat.
— calcarata (pl. 21, fig. 23.) = — calcarata, Gr.
— carinifera (pl. 19, fig. 17.) = — carinifera, Grat.
— cataphracta (pl. 20, fig. 41- = Dolichotoma cataphracta, Brocc.
43 et pl. 21, fig. 20-21.)
— cheilotoma (pl. 20, fig. 50.) = Mangellia (?)
— concatenata (pl. 20, fig. 4-5.) = Clavatula concatenata, Grat.
— costellata (pl. 20, fig. 27-28- = Clathurella subcostellata, d'Orb.
29.)
— detecta (pl. 20, fig. 48.) = Clavatula detecta, des Moul.
— dimidiata, pl. 20, fig. 11-12 = Surcula dimidiata, Brocc.
et 13.)
— Dufouri (pl. 20, fig. 22.) = Drillia Dufouri, des Moul.
— fallax, pl. 20, fig. 65.) = — fallax.

Pleurotoma filosa (pl. 20, fig. 45.)   = Cryptoconus subfilosa, d'Orb.
—   fusus (pl. 19, fig. 7.)   = Clavatula fusus, Grat.
—   glabella (pl. 20. fig. 37.)   = Raphitoma...?
—   Grateloupi (pl. 20, fig. 42- = Cryptoconus Grateloupi, des Moul.
   44.)
—   interrupta (pl. 20, fig, 16-17- = Clavatula interrupta, Grat.
   18.)
—   intorta (pl. 20, fig. 40.)   = Pseudotoma præcedens, Bell.
—   Javana (pl. 19, fig. 8-12 et = Surcula striatulata.
   pl. 21, fig. 1-2.)
—   Jouanneti (pl. 21, fig. 12.)   = Clavatula Jouanneti, des Moul.
—.   longirostris (pl. 19, fig. 9-10 = Surcula longirostris.
   et pl. 20, fig. 48.)
—   marginata (pl. 20, fig. 46.)   = Cryptoconus submarginata d'Orb.
—   Meyracina (pl. 21, fig. 16.)   = Drillia Meyracina, Grat.
—   Milleti (pl, 20, fig. 26.)   = Clathurella Milleti, Soc. Linn., de Paris,
             1826.
—   Moulinsi (pl. 21, fig. 11.)   = Surcula intermedia, Brongn.
—   multinoda (pl. 20, fig. 19-20- = Drillia obeliscus, des Moul., 1842.
   21.)
—   obtusangula pl. 20, fig. 58.) = Mangelia obtusangula, Brocc.
—   ornata (pl. 19, fig. 27 et pl. = Oligotoma ornata, Defr.
   20, fig. 63.)
—   pannus (pl. 20, fig. 33.)   = Pleurotoma canaliculata, Bell.
—   plicata (pl. 20, fig. 36.)   = Raphitoma...?
—   pustulata (pl. 20, fig. 30.)   = Clathurella Perrisi, Ben.
—   ramosa (pl. 19, fig. 20-21-22- = Genota ramosa, Bast.
   23.)
—   Requieni (pl. 20, fig. 38-68.) = Raphitoma...?
—   semimarginata (pl. 21, fig. 3- = Clavatula semimarginata, L.
   4-5-6.)
—   spinosa (pl. 21, fig. 24-25.)   =   —   spinosa, Grat.
—   striatulata (pl. 21, fig. 8.)   =:   —   Escheri, Mayer.
—   terebra (pl. 20, fig. 23-24.)   = Drillia terebra, Bast., 1825.
—   transversaria, Grat. (pl. 19, = Surcula transversaria.
   fig. 8.)
—   turbida (pl. 21, fig. 26.)   = Clavatula turbida, Lamk.
—   turriculata (pl. 19, fig. 4.)   =   —   turriculata, Grat.
—   vulgatissima (pl. 20, fig. 3-7- =   —   vulgatissima, Grat.
   49.)
—   vulpecula (pl. 20, fig. 39.)   = Raphitoma vulpecula, Br.
Purpura Lassaignei (pl. 35, fig. 5-7.)   = Murex Lassaignei.
—   pleurotomoïdes (pl. 35, fig. 1-2.) = Pisania crassa, Bell., 1873.
—   scabriuscula (pl. 35, fig. 19.)   = Murex scabriusculus, Grat.
—   textilosa (pl. 35, fig. 20.)   =   —   scabriusculus. Grat.
Pyramidella terebellata (pl. 11, fig. 79-80.) = Pyramidella Grateloupi, d'Orb., 1852.
Pyrula clathrata (pl. 28, fig. 6.)   = Ficula reticulata, Lamk.
—   clava (pl. 26, fig. 5-6, pl. 27, fig. =   —   Burdigalensis, Sow., 1824.
   4-5-6-16 et pl. 28, fig. 7.)
—   condita pl. 27, fig. 8-9, pl. 28, fig. =   —   condita, Sism., 1847.
   9-10.)

Pyrula elegans (pl. 27, fig. 13-14.) = Ficula subelegans, d'Orb.
— ficoïdes (pl. 27, fig. 15.) = — geometra, Sism., 1847.
— Jauberti (pl. 27, fig. 11-12.) = Rapana Jauberti, Grat.
— melongena) pl. 26, fig. 1-7.) = Pyrula cornuta, Agassiz, 1843.
— spirillus (pl. 28, fig. 1-5.) = Fusus (s.-g. Pirella) rusticulus, Bast.
— Tarbelliana (pl. 27, fig. 1.) = Hemifusus Tarbellianus, Grat.
Pyramidella terebellata (pl. 11, fig. 79-80.) = Pyramidella Grateloupi, d'Orb., 1852.
Ranella anceps (pl. 30, fig. 28-30.) = Ranella subanceps, d'Orb.
— granifera (pl. 46, fig. 2.) = — subgranifera, d'Orb.
— granulata (pl. 29, fig. 4.) = — consobrina, Mayer.
— lævigata (pl. 29, fig. 1-2.) = — marginata, Brongn., 1823.
— semigranosa (pl. 29, fig. 6.) = — tuberosa, Bon. in Bell., 1873.
— scrobiculata (pl. 29, fig. 10.) = — Basteroti, Benoist.
Ricinula aspera (pl. 35, fig. 14.) = Purpura (Ricinula) subaspera, d'Orb.
— calcarata (pl. 35, fig. 15-18.) = — calcarata, Grat.
— morus (pl. 35 fig. 16-17.) = — Grateloupi, d'Orb.
Ringicula ringens (pl. 11, fig. 6-7.) = Ringicula Grateloupi, d'Orb.
— ringens (pl. 11, fig. 8-9.) = — Pauluccia, Mor.
Rissoa buccinalis (pl. 4, fig. 36-37.) = Rissoïna planaxoïdes, des Moul.
— bulimoïdes (pl. 4, fig. 34-35.) = Rissoa Lachesis, Bast., 1825.
— cochlearella (pl. 4, fig. 24-25. = Rissoïna obsolata, Partsch in Hornes.
— — (pl. 4, fig. 17-18.) = — decussata, Mont.
— — (pl. 4, fig. 21-22-23.) = — Burdigalensis, d'Orb.
— — (pl. 4, fig. 19-20.) = — Basteroti, Benoist.
— costellata (pl. 4, fig. 31.) = Rissoa Clotho, Hornes.
— decussata pl. 4, fig. 47-48.) = — subdecussata, d'Orb.
— decussata (pl. 4, fig. 49.) = — Moulinsii, d'Orb.
— decussata (pl. 4, fig. 50.) = — affinis, des M.
— elegans (pl. 4, fig. 42-43.) = Rissoïna elegans, Grat.
— Grateloupi (pl. 4, fig. 28.) = — Grateloupi, Bast.
— nitida (pl. 4, fig. 64.) = — lævis, Bast.
— nitida (pl. 4, fig. 66.) = — polita, des Moul.
— perpusilla (pl. 4, fig. 40-41.) = Chemnitzia perpusilla, Grat.
Rostellaria decussata (pl. 33, fig. 3.) = Strombus decussatus, Defr. in Bast., 1882
— pespelicani (pl. 32, fig. 5.) } = Chenopus Burdigalensis, d'Orb.
— pescarbonis (pl. 32, fig. 6.) }
Rotella Defrancei (pl. 12, fig. 45-46-47.) = Teinostoma Defrancei, Bast.
— nana (pl. 12, fig. 13-14) = — nana, Grat.
Scalaria cancellata (pl. 12, fig. 11.) = Scalaria amæna, Phil., 1843.
— crispa (pl. 12, fig. 4.) = — clathratula, Wolk., 1787.
— subspinosa (pl. 12, fig. 10) = — pumicea Brocchi. 1814.
— multilamella (pl. 12, fig. 9.) = — crassicosta, Desh., 1839.
Sigaretus haliotideus (pl. 48, fig. 19-20. = Sigaretus Aquensis, Recl.
Solarium pseudo-perspectivum (pl. 12, = Solarium carocollatum, Lamk.
   fig. 27-28-29.)
— pseudo-perspectivum (pl. 12, = — Grateloupi, d'Orb.
   fig. 30-32.)
— quadrifasciatum (pl. 12, fig. = Adeorbis quadrifasciatus, Grat.
   40-42.)
Strombus fasciolarioïdes (pl. 33 fig. = Strombus, Grateloupi d'Orb.
   2.)

Strombus fusoïdes (pl. 32, fig. 17.)
— gibbosulus (pl. 32, fig. 7.)
— intermedius (pl. 32, fig. 8.) } = Strombus Bonelli, Brongn, in Hörnes.
— lucifer (pl. 33, fig. 7.)
— radix (pl. 32, fig. 10-14-15-.)
— subcancellatus (pl. 32, fig. 9.)
Terebellum fusiforme (pl. 42, fig. 2-3.) = Terebellum subfusiforme, d'Orb.
Terebra cinerea (pl 35, fig. 25.) = Terebra subcinerea, d'Orb.
— duplicata (pl. 35, fig. 24.) = — Basteroti, Nyst. 1843.
— plicaria (pl. 35, fig. 22. = — fuscata, Brocchi.
Tornatella fasciata (pl. 11, fig. 14.) = Tornatella Burdigalensis, d'Orb.
— sulcata. (pl. 11, fig. 16-17.) = — pinguis, d'Orb.
Triton corrugatum (pl. 29, fig. 18, 19.) = Triton affine, Desh. in Bell. 1873.
— Hisingeri (pl. 30, fig. 25.) = — lævigatum, M. de Serres. 1829.
— Tarbellianum (pl. 29, fig. 14.) = — lævigatum, M. de Serres.
Trochus Amedei (pl. 13, fig. 30-31.) = Diloma patulus, Brocchi. 1814.
— Audebardi (pl. 13, fig 13.) = Ziziphinus Audebardi, Bast.
— Bucklandi (pl. 13, fig. 17.) = — Bucklandi, Bast.
— cingulatus (pl. 13. fig 14.) = --- cingulatus, Brocchi.
— conchyliophorus (pl. 13, fig. 1.) = Xenophora Deshayesi, Michtt. in Hörnes
— conchyliophorus, var. *Parisien-* = --- Aquensis, d'Orb,
sis (pl. 13. fig. 3-4.)
— elegans (pl. 13, fig. 15.) = Ziziphinus elegantissimus, d'Orb.
— labiosus (pl. 13, fig. 6.) = Turbo labiosus, Grat.
— lævigatus (pl. 13, fig. 16.) = Ziziphinus lævigatus, Grat.
— magus, (pl. 13, fig. 23.) = Diloma magus, Linn. in Lamarck.
— monilifer (pl. 13, fig. 9.) = Tectus monilifer, Lamk.
— Thorinus (pl. 13, fig. 22. = Ziziphinus Thorinus, Crat.
Turbinella craticulata (pl. 22, fig. 9.) = Turbinella Dégrangei, Ben.
— Lynchi (pl. 47, fig. 9.) = — Jouanneti, Mayer.
— multistriata (pl. 22, fig. 16.) = — pleurotoma, Grat. 1828.
— polygona (pl. 24, fig. 9. = Fasciolaria Tarbelliana, Grat.
— pugillaris (pl. 22, fig. 3.) = Turbinella subpugillaris, d'Orb.
Turbo lævigatus (pl. 14, fig. 21.) = Turbo sublævigatus, d'Orb.
— minutus (pl. 14, fig. 24-25.) = Fossarus Burdigalus, d'Orb.
Turritella acutangula (pl. 15, fig. 19.) = Turritella subangulata, Brocchi. 1831.
— Archimedis (pl. 15, fig. 17-18.) = --- bicarinata, Eichw. 1830.
— bistriata (pl. 16. fig. 6.) = Proto bistriatus, Grat.
— cathedralis (pl. 15, fig. 1, 2, 3.) = --- cathedralis, Blainv. 1825.
— cathedralis,var.C. (pl 16, fig.4.) = --- obeliscus, Grat.
— imbricataria (pl. 16, fig. 17.) = Turritella Sandbergeri, May, 1866.
— quadriplicata (pl. 16, fig. 15.) = Proto quadriplicatus, Bast. 1825.
— triplicata (pl. 15, fig. 10.) = Turritella vermicularis, Brocchi, 1814.
— vermicularis (pl. 15 fig. 4, 8.) = — turris, Bast. 1825.
Voluta affinis (pl. 38, fig. 16, 20, 17.) = Voluta ficulina, Lamk.
— ambigua (pl. 38, fig. 14, 15.) = — subambigua, d'Orb.
— aurisleporis (pl. 39, fig. 20.) = — (s.-g. Scaphella) Lamberti. Sow. 1816.
— costaria (pl. 39, fig. 12.) = — subcostaria, d'Orb.
— costata (pl. 46, fig. 14.) = — (s.-g. Lyria) subcostata, d'Orb.
— elegans (pl. 38, fig. 2, 5.) = --- Gabrielis, Ben.

Voluta harpula (pl. 39, fig. 13, 14, 17.)   = Voluta subharpula, d'Orb
  —   Tarbelliana (pl. 39, fig. 1, 2.)   = --- (s.-g. Scaphella) Lamberti, Sow.

Dax, janvier 1885.   H. DU BOUCHER.

ERRATA ET ADDENDA

Page 9,   après ligne 28 : RISSOA DECUSSATA, fig. 49, ajouter :
            RISSOA DECUSSATA (pl. IV, fig. 47-48). = RISSOA SUBDECUSSATA, d'Orb.
            RISSOA DECUSSATA (pl. IV, fig. 50). = RISSOA AFFINIS, des M.

Page 10,   lignes 9 et 10 : A supprimer entièrement.

Page 14,   après ligne 4 (fig. 6-7), lire :
            RINGICULA RINGENS (pl. XI, fig. 8-9). = RINGICULA PAULUCCIÆ, Mor.
            Quant aux *Ringicula Baylei, Tournouëri, plicatula, Crossei,*
            et *Douvillei,* elles se trouvent dans les faluns du bassin de
            l'Adour, et Grateloup, les confondant avec les précédentes,
            ne les a pas figurées.

Page 23,   ligne 8 : Après *Typhis,* ajouter *Tudicla.*

Page 23,   ligne 14 : FUSUS BURDIGALENSIS, Bast. A mettre dans le genre
            TUDICLA, et supprimer la fig. 10 de la planche XXIII et la
            figure 22 de la planche XXIV.

Page 23,   ligne 16 : Supprimer fig. 22.

Page 23,   ligne 17 : MOQUINANUS, lire : MOQUINIANUS.

Page 23,   ligne 19 : Au lieu de pl. XIX, lire : pl. XX.

Page 24,   ligne 17 : FASCIOLARIA BURDIGALENSIS, var. *dubia.* Est-ce une
            CLAVATULA ? n'est-ce point un jeune individu de TUDICLA
            BURDIGALENSIS Bast ?

Page 26,   ligne 22 : DURÉNOYI, lire : DUFRÉNOYI.

Page 26,   ligne 23 : ERINACENS, lire : ERINACEUS.

Page 27,   lignes 5 et 6 : MUREX VITULINUS etc. A supprimer.

Page 30,   lignes 12 et 13 : A supprimer entièrement.

Page 30,   ligne 23 : Au lieu de pl. XX, lire : XIX.

Page 32,   lignes 3 et 4 : PLEUROTOMA STRIATULATA etc. A supprimer.

Page 32,   lignes 9 et 10 : A supprimer entièrement. Voir page 30,
            lignes 7 et 8.

Page 32,   ligne 17 : PLEUROTOMA BASTEROTI. Ajouter pl. XXI, fig. 28, et,
            à la pl. XX, ajouter fig. 61.

Page 34,   ligne 13 : pl. XXVIII. Au lieu de fig. 16, lire : fig. 7.

Page 35,   ligne 18 : STROMBUS FOSCIOLARIOÏDES, lire : FASCIOLARIOÏDES.

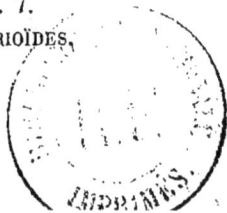

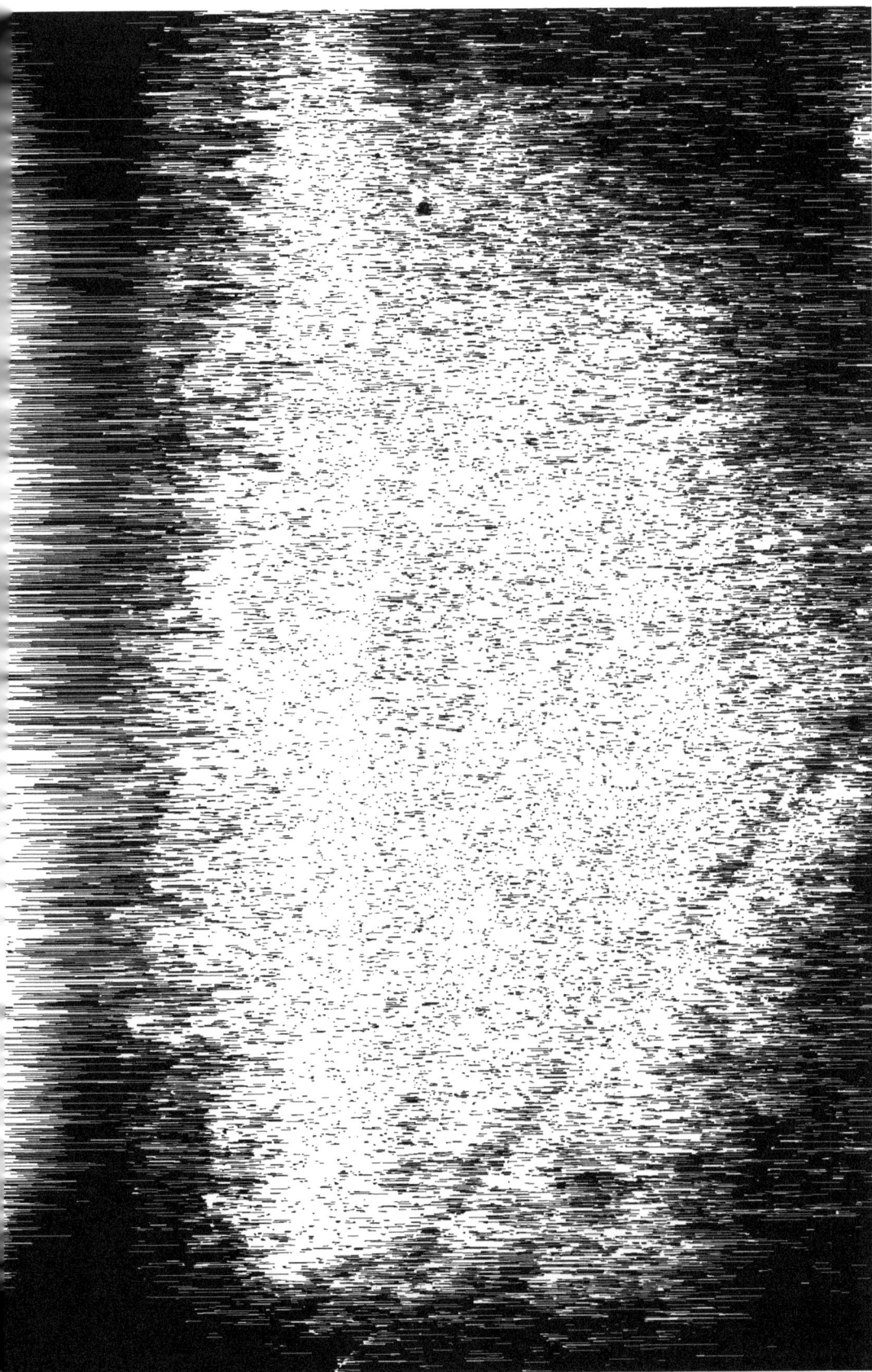